Jorge Alfredo González Pérez
Eunice Jeaques Velinay

# Comportamento agroproductivo de duas variedades de Couve em Cuvelai

Jorge Alfredo González Pérez
Eunice Jeaques Velinay

# Comportamento agroproductivo de duas variedades de Couve em Cuvelai

## Comportamento de 2 variedades de Couve nas condições edafoclimáticas da localidade de Mukolongodjo municipio do Cuvelai

ScienciaScripts

**Imprint**
Any brand names and product names mentioned in this book are subject to trademark, brand or patent protection and are trademarks or registered trademarks of their respective holders. The use of brand names, product names, common names, trade names, product descriptions etc. even without a particular marking in this work is in no way to be construed to mean that such names may be regarded as unrestricted in respect of trademark and brand protection legislation and could thus be used by anyone.

Cover image: www.ingimage.com

This book is a translation from the original published under ISBN 978-3-639-68271-7.

Publisher:
Sciencia Scripts
is a trademark of
Dodo Books Indian Ocean Ltd. and OmniScriptum S.R.L publishing group

120 High Road, East Finchley, London, N2 9ED, United Kingdom
Str. Armeneasca 28/1, office 1, Chisinau MD-2012, Republic of Moldova, Europe
Managing Directors: Ieva Konstantinova, Victoria Ursu
info@omniscriptum.com

Printed at: see last page
**ISBN: 978-620-8-56987-7**

## BEVESTIGING


- ✓ Ik wil beginnen met het bedanken van de almachtige God voor het geven van de kracht om door te gaan. Aan iedereen die op de een of andere manier hun vaardigheden en inspanningen beschikbaar hebben gesteld om dit podium te realiseren.
- ✓ Ik wil graag mijn moeder bedanken, die me altijd heeft gesteund in mijn academische opleiding.
- ✓ Ik wil in het bijzonder mijn man, Jorgelino Afonso dos Santos, bedanken voor zijn steun en aanmoediging tijdens deze reis.
- ✓ In het bijzonder wil ik mijn grote dank uitspreken aan mijn supervisor MSc. Jorge Alfredo González Pérez voor zijn lezing van het werk en zijn methodologische suggesties om het beter te herstructureren.
- ✓ Ik wil graag het I.P.O. en al het onderwijzend personeel bedanken voor de onderwijsomstandigheden die ze me tijdens mijn opleiding hebben geboden, mijn familie in het algemeen, mijn collega's en vrienden die allemaal hebben geholpen om dit moment in mijn leven werkelijkheid te laten worden.

*Mijn diepste dank aan iedereen*

## GEDEELTE

- ✓ Dit werk is opgedragen aan mijn eeuwige ouders Jeaques Moisés Eduardo en Colmicil Ndamona (ter nagedachtenis), omdat zij de eerste mensen waren die mij aanmoedigden om de eerste stappen naar een onderwijsinstelling te zetten.
- ✓ Aan mijn man, Jorgelino Afonso dos Santos, voor zijn geduld, begrip en steun.
- ✓ Aan mijn zoon Jorgeveny Peandju Velinay dos Santos, omdat hij mijn tweede zegen is.

## SAMENVATTING

Dit onderzoek werd uitgevoerd om twee koolvariëteiten te evalueren onder de bodem- en klimaatomstandigheden in Mukolongodjo. Het experiment werd uitgevoerd op de R. L Cantinho do Chicote coöperatie, in de gemeente Cuvelai, en de geanalyseerde variëteiten per behandeling zijn: **T1** Kool (Brassica Olerácea L. *var. troncuda o português*), **T2** Kool (Brassica Olerácea L. *var. manteiga* I -1811 *(B)*). Groeivariabelen beoordeeld: Planthoogte (cm), aantal bladeren (U), pseudostamdiameter (cm) en bladbreedte en -lengte (cm). Opbrengstvariabelen en hun componenten: Verse bladmassa (g). De beste resultaten voor de variabelen groei en bladgewicht werden verkregen in behandeling T1 (kool (Brassica Olerácea L. *var. troncuda o português*)) voor de lokale bodem- en klimaatomstandigheden. De economische resultaten waren positief voor beide behandelingen

**Trefwoorden:** bodem en klimaat, blad, bemesting, omstandigheden.

**Index.**

I. INLEIDING ..... 5

II. LITERATUURONDERZOEK ..... 10

III. MATERIALEN EN METHODEN ..... 32

IV. RESULTATEN EN DISCUSSIE ..... 36

V. CONCLUSIES ..... 44

VI. AANBEVELINGEN ..... 45

VII. BIBLIOGRAFISCHE REFERENTIES ..... 46

VIII. BIJLAGEN ..... 58

# I. INLEIDING

De wereldbevolking en de technologische capaciteit om leven en voedsel te behouden zijn geleidelijk gegroeid. In de afgelopen 200 jaar is de groei exponentieel geweest, wat betekent dat de wereldbevolking elke 40 jaar verdubbelt, volgens Cassinda (2016), die er ook op wijst dat tropische landen, vooral die in Afrika, waarvan de overgrote meerderheid tot de derde wereld behoort, het meest te lijden hebben onder de gevolgen van overbevolking, ondervoeding, sociale ongelijkheden, aantasting van het milieu en het meest kwetsbaar zijn voor de uitdagingen van de toekomst.

Landbouw en de productie ervan vormen de basis en het levensonderhoud van de meeste volkeren op aarde. De verhoging van de levenskwaliteit op de planeet hangt af van de wetenschappelijke vooruitgang en de technologische vooruitgang. Daarom is het voldoen aan de voedselbehoeften van een snel groeiende bevolking een van de essentiële uitdagingen van de 21e eeuw. In de toekomst moeten deze behoeften fundamenteel worden gegarandeerd door de productiviteit van landbouwgewassen te verhogen, vooral die welke de voedselbasis vormen in elke regio FAO (2012) en geciteerd door Gaudioso (2021).

De totale oppervlakte van Angola bedraagt volgens de FAO (Aqua STAT) ongeveer 124,6 miljoen hectare en het bebouwde areaal bedroeg in 2007 niet meer dan 3,6 miljoen hectare, oftewel slechts 2,88% van de totale oppervlakte van het land. Voor een land waar landbouw de belangrijkste bron van werkgelegenheid is (landbouw en veeteelt vormen de belangrijkste economische activiteit van meer dan 65% van de Angolese bevolking, volgens MINADER (2003)), is dit cijfer duidelijk erg laag, waaruit blijkt dat de landbouw zich nog in een zeer vroeg stadium bevindt. Gaudioso (2021).

Angola is een van de landen met het grootste ontwikkelingspotentieel op het Afrikaanse continent. Na de internationale crisis van 2009 is landbouw een van de meest dynamische sectoren voor de groei van de Angolese economie, met een reële groei van 29%. Volgens de Algemene Staatsbegroting (OGE, 2011) is de landbouwsector van vitaal belang voor de economie en de samenleving.

Volgens Neto *et al.* (2006) domineert olie echter het economische beeld van het land en is het de grootste vijand van de landbouw, waarbij het land sterk afhankelijk blijft van import, vooral van voedselproducten. Dit heeft geleid tot de transformatie van agrarisch en ruraal Angola in een Angola dat afhankelijk is van een monoproduct - olie, wat de verarming van de meerderheid van de bevolking met zich mee heeft gebracht. Hij benadrukt ook hoe moeilijk het is om de landbouwsector in Angola nieuw leven in te blazen en het platteland te ontwikkelen.

Volgens een rapport van het Agricultural Sector Development Plan (PDSA) en het Nationaal Instituut voor de Statistiek (INE, 2015) is landbouw de op twee na grootste sector in het bbp van Angola, hoewel minder dan 30 procent van de landbouwgrond wordt bebouwd en de landbouwproductiviteit en gewasopbrengsten erg laag blijven in vergelijking met andere landen in Afrika bezuiden de Sahara.

Auteurs zoals Sambeny, Alves, Calegar, Tollini, Dias *et al.* (2011) zijn het erover eens dat landbouw in Angola voornamelijk een gezinsactiviteit is voor duizenden kleine boeren die zelfvoorzienend zijn en gemiddeld 1,4 ha per gezin beplanten, waarbij de beplante oppervlakte elk jaar licht toeneemt.

De productie vond plaats in het belangrijkste regenseizoen, tussen september en april. Het tweede plantseizoen vindt voornamelijk plaats in laaggelegen, vochtige gebieden en wordt uitgevoerd van juni tot augustus.

Groenten worden beschouwd als een van de belangrijkste voedingsmiddelen ter wereld vanwege hun belang in de voeding, hun hoge voedingsgehalte aan zowel vitaminen als mineralen en het feit dat ze een consumptieoptie zijn voor de wereldbevolking. Volgens Castro, Díaz, Pérez, Rodrigues en Gómez (2010) is de wereldbevolking geleidelijk gegroeid. In de afgelopen 200 jaar is de groei exponentieel geweest, wat betekent dat deze elke 40 jaar verdubbelt, dus onze technologische en wetenschappelijke capaciteit moet gericht zijn op het behoud van leven en het voeden van onszelf. De grote uitdaging van de wereld in de komende jaren zal zijn om voedsel te produceren om te voldoen aan de groeiende vraag van de bevolking die de planeet zal bevolken.

In de landen van het Afrikaanse continent staat de landbouw centraal in de uitdagingen waar deze landen, en dan vooral de derdewereldlanden, voor staan, omdat de landbouw de bron is van een groot deel van het voedsel en andere grondstoffen van Afrika en de meest ongelijke bevolking herbergt, wat een aanzienlijke invloed heeft op de stabilisering van het milieu en de vermindering van de productiecapaciteit van de bodem (García, 2004).

Voor ieder mens zijn groenten de enige voedingsbron om energie te produceren, lichaamsfuncties te regelen, zich te voeden en te leven. economisch en sociaal oogpunt zijn ze belangrijk omdat ze een bron van voedsel en werkgelegenheid zijn, vanwege de vraag naar voedsel in alle lagen van de bevolking en vanwege hun hoge waarde en industrialisatie op lokale, regionale en nationale markten.

In termen van voeding worden ze beschouwd als belangrijk voor het menselijk dieet, omdat ze vitaminen, mineralen, koolhydraten en vezels in het menselijk lichaam opnemen, die essentieel zijn voor de normale ontwikkeling van het individu en de preventie van veel ziekten (Bettiol, 2004).

Onder de groenten wordt kool (Brássica olerácea L.) geleidelijk een zeer belangrijk product voor boerderijen, en de opbrengsten moeten worden verhoogd. Dit gewas wordt steeds meer geaccepteerd als gevolg van de verandering in de smaak van de consument, die evolueert ten gunste van het gebruik van niet al te grote eenheden, maar met een grotere productie (Saavedra, 2013).

Kool is een plant die moeilijk te beschrijven is, omdat de verschillende variëteiten morfologisch erg van elkaar verschillen. Het kan worden beschouwd als een kruidachtige plant, maar er zijn enkele variëteiten die houtachtig zijn in het stengelgedeelte, en het kan worden beschouwd als een tweejarige plant, maar het heeft soms overblijvende neigingen, en de levenscyclus kan zich uitstrekken over meer dan twee jaar. Aan het einde van de Middeleeuwen was kool de meest gebruikte groente in Europa; gekrulde of gladde variëteiten werden al in de 4e eeuw voor Christus gegeten in Griekenland. De oude Romeinen noemden boerenkool al liana, en het wordt beschouwd als de meest voorouderlijke vorm van de huidige boerenkool. Tegenwoordig kunnen we boerenkool onderscheiden van de lengte van de stengel en de kenmerken van de bladeren (Almeida, 2014).

Het is een voedingsmiddel dat rijk is aan voedingsstoffen en arm aan calorieën. Het is rijk aan vitamine A en C. Het heeft calcium, bètacaroteen en een hoog anthocyaangehalte (Cassinda, 2016). Biologische groenteteelt, in het geval van kool (Brássica Oleraceae L), is door jaren heen aanzienlijk gegroeid, waardoor telers of boeren de manier waarop ze hun gewassen planten of beheren hebben veranderd.

Het is ook belangrijk voor de menselijke voeding, wordt al duizenden jaren erkend en is een uitstekende energiebron voor een gezond dieet (Saavedra, 2013).

Volgens Cartea, Velasco, Obrégon, Padilla en De Haro (2008) worden groenten vaak rauw gegeten. Maar er zijn situaties waarin zeven noodzakelijk is of zelfs de voorkeur heeft. In dit geval kan het gehalte aan voedingsstoffen en de capaciteit deze groenten veranderen. Met positieve en negatieve gevolgen, zoals het verbeteren van de activiteit van natuurlijk voorkomende verbindingen, de vorming van nieuwe verbindingen met voedingsactiviteit en het verlies van voedingsstoffen die er van nature in aanwezig zijn.

Boerenkool is rijk aan ijzer en chlorofyl, waardoor het een uitstekende keuze is om bloedarmoede te voorkomen en te behandelen, en het helpt bij het ontgiften van het lichaam, het voorkomt de opname van chemische stoffen uit voedsel en het vasthouden van vocht. Boerenkool is ook rijk aan foliumzuur, een essentiële vitamine voor en tijdens de zwangerschap, die helpt bij de ontwikkeling van beenmerg bij baby's tijdens de zwangerschap (Zamberlam, 2001).

Het hoge gehalte aan vitamine C en zwavel in kool elimineert gifstoffen (vrije radicalen en urinezuur), die de belangrijkste oorzaken zijn van artritis, huidziekten, reuma en jicht (Meihua Clinic, 2014).

Elk jaar importeert de provincie Cunene een grote hoeveelheid van deze groente uit andere provincies in Angola en de Republiek Namibië. Ze geven er veel geld aan uit, en een aanzienlijke hoeveelheid middelen, die toenemen naarmate de consumptie en de prijzen stijgen (MINADER, 2005).

Daarom zou het introduceren en evalueren van verschillende variëteiten groenten, en kool in het bijzonder, een goede stap voorwaarts zijn in de strijd tegen honger, vandaar de formulering van het **wetenschappelijke probleem** in dit onderzoek: "Welke variëteit kool heeft het beste agro-productieve gedrag in de bodem- en klimaatomstandigheden van Mukolongodjo".

Daarom kwamen we met de volgende **hypothese:** "Als we kunnen bepalen welke koolsoort het beste presteert, kunnen we de opbrengst en productie van deze groente in de stad Mukolongodjo verhogen".

De volgende **algemene doelstelling wordt** voorgesteld: "Het gedrag van twee koolvariëteiten beoordelen onder de bodem- en klimaatomstandigheden van Mukolongodjo".

**Specifieke doelstellingen**

1. De belangrijkste agroproductieve kenmerken van kool (*Brássica olerácea* L) in Mukolongodjo evalueren.

2. Kies de variëteit met de beste resultaten.
3. Analyse van de economische kosten van het telen van kool.

# II. LITERATUURONDERZOEK

## 2.1 Algemene kenmerken van de landbouwsector

Een van de fundamentele kenmerken van productiesystemen is hun effect op het verbeteren of behouden van de eigenschappen van de bodem en het milieu, en de productie of productiviteit van de systemen. Dit is een bijzonder belangrijk aspect om in overweging te nemen bij het ontwikkelen van mechanismen voor het beoordelen van duurzaamheid en productiesystemen, omdat het een alomvattende beoordeling van het management-milieu-productiesysteem zou garanderen (Ríos, Munoz, Pérez, Franco en Arango, 2000).

Volgens Márquez (2012) wordt de agrarische sector in veel landen gekenmerkt door zijn heterogeniteit in het gebruik van productiesystemen, of het nu gaat om een traditionele zelfvoorzieningsgerichte boerenmaatschappij, waarvan de productie wordt uitgevoerd met lokale inputs, conserveringspraktijken en gezinsarbeid, boerenmaatschappijen in transitie met gemengde landbouw die gedeeltelijk marktgericht is, ondersteund door een mix van traditionele en moderne technologie en wederzijdse arbeidsrelaties, en aan de andere kant een moderne kapitalistische plattelandsmaatschappij met gespecialiseerde en gemechaniseerde kapitaalintensieve productie, en afhankelijk van de internationale markt.

Zoals de Conferentie van de Verenigde Naties voor Handel en Ontwikkeling aangeeft, zijn er twee manieren om de landbouwproductie te verhogen: het akkerland uitbreiden en de gewasopbrengsten verhogen. De mogelijkheden om landbouwgrond te vergroten zijn echter beperkt, net als de beschikbaarheid van water voor de landbouw. In dit opzicht stelt een lithografische proef van de FAO (2012) dat 80% van de benodigde productiestijging kan komen van een toename in opbrengsten en slechts 20% van de uitbreiding van akkerland.

De landbouw- en veeteeltsector is een cruciale economische sector voor elke economie. Het wordt geclassificeerd als een economisch complexe sector die een schat aan technische en wetenschappelijke kennis bevat die van generatie op generatie is verzameld, doorgegeven en verrijkt. De productie van voedsel is de primaire levensvoorwaarde voor directe producenten en voor elke productie in het algemeen, dus de veehouderij is een sector van doorslaggevend belang voor de materiële productie en voor de economie (Muñoz, Germani, Aguilar, Jacinto, Sarmiento *et al.*, 2015).

De productiviteit van de landbouw is een van de belangrijkste agronomische aspecten in de sector, omdat het steeds noodzakelijker wordt om de productie te verhogen en tegelijkertijd het beplante areaal niet uit te breiden, zodat een efficiënt beheer van de beschikbare middelen onmisbaar is voor het behoud en de verbetering van de levensomstandigheden van de bevolking (Paterniani, 2001 en Carvalho, Ferreira, Silva Teixeira, Oliveira, Carvalho en Santos, 2016).

## 2.2 Productiesystemen

Een productiesysteem is een combinatie van verschillende subsystemen: gewassen, gedefinieerd op het niveau van homogeen bewerkte percelen, met dezelfde technologieën en zaaiopvolgingen (in die zin worden verschillende landbouwsystemen onderscheiden binnen een productieproces), vee, gedefinieerd op het niveau van veestapels, de verwerking van landbouwproducten (graanverwerking, kaasbereiding, enz.), en niet-agrarische activiteiten (Apollin en Eberhart, 1999). Het zelfvoorzienend systeem staat bekend als familieproductie omdat zij degenen zijn die het meeste uit hun productieve middelen halen (Palácios en Barrientos, 2014).

Landbouwproductiesystemen worden geconfronteerd met grote uitdagingen als gevolg van de globalisering, en het is erg belangrijk dat deze systemen hun beheer verbeteren om zich aan te passen aan de verschillende veranderingen in het milieu en een duurzaam concurrentieniveau te behouden (Aguilera *et al.*, 2003).

Ecologische landbouwproductiesystemen worden geacht de bodem, het water en de biodiversiteit in het algemeen te kunnen herstellen en behouden. Daarom moeten ze worden vergeleken met andere systemen en productiemethoden, rekening houdend met duurzaamheidsindicatoren (Astier, Masera en Galván, 2008).

De keuze van productiesystemen hangt af van de belangen van elke producent, afhankelijk van de relatieve schaarste van de beschikbare middelen de inkomsten per hectare te maximaliseren (Dufumier, 1990), waardoor er een wisselwerking ontstaat tussen zelfvoorzieningslandbouw, de productie van geldgewassen en andere middelen om de inkomsten te diversifiëren.

De noodzaak om productiesystemen te karakteriseren in contexten van plattelandsarmoede in Latijns-Amerika is te wijten aan de grote diversiteit aan biofysische en sociaaleconomische omstandigheden, aangezien karakterisering fundamenteel is voor het ontwerpen van biodiverse, veerkrachtige en sociaal rechtvaardige strategieën voor de consumptie van de mensheid (Altieri en Nicholls, 2013).

De standaardisatie en weging van indicatoren volgens kwantitatieve procedures maakt het mogelijk om eigenschappen te vergelijken en de meerdere dimensies (milieu, economisch en sociaal) van de duurzaamheid van productiesystemen te analyseren (Sarandón *et al.*, 2006).

### 2.2.1 Kennis van boeren over hun productiesystemen

Er zijn meerdere vormen van kennis in gemeenschappen die kunnen worden teruggevonden om te worden opgenomen in het ontwerp programma's voor het beheer van natuurlijke hulpbronnen (Ortega, 2009), die erop wees dat boeren hun gewassen, productieomgevingen en sociaaleconomische omstandigheden goed kennen. In veel gevallen kunnen ze de redenen verwoorden die hen ertoe aanzetten om bepaalde agronomische praktijken te gebruiken of bepaalde beslissingen te nemen.

Deze kennis, gedocumenteerd door tal van experts in de sociale wetenschappen en biologie, heeft betrekking op bodemtypes en productieomgevingen waarin ze werken (Kamangira, 1997), hun gewassen en variëteiten (Sperling *et al.* 1993), de insecten en plagen waarmee ze te maken hebben (Bentley en Rodríguez, 2001) en de bodem- en waterbeheerpraktijken die ze gebruiken (Lamers en Fiel, 1995). Inzicht in deze kennis is een fundamentele stap in het opzetten van een dialoog tussen boeren en wetenschappers, en een belangrijk referentiepunt dat boeren gebruiken bij het nemen van beslissingen en het communiceren met elkaar (Lambert, 2010).

Als wetenschappers dus willen bijdragen aan het welzijn van boeren, ze hun kennis begrijpen, hen van nieuwe informatie voorzien, geschikte technologieën voor hen ontwikkelen en goede communicatie onderhouden. Maar om deze kennis te begrijpen, wetenschappers deze eerst verwerven en analyseren (Lamers en Fiel, 1995).

Om een productiesysteem te karakteriseren is het beeld dat boeren hebben van de verschillende technologische opties erg belangrijk, vooral de kenmerken die ze gebruiken om te beoordelen of een technologie voor hen geschikt is. Dit oordeel bestaat niet noodzakelijk uit het accepteren of verwerpen ervan, maar over het algemeen uit het classificeren als minder geschikt (Bellón, 2002 en Lambert, 2010).

Er moet daarom expliciet rekening worden gehouden met de variabiliteit die boeren op hun land vaststellen, omdat dit een belangrijke factor kan zijn bij de ontwikkeling en/of de toepassing van landbouwtechnologieën. Deze taxonomieën kunnen helpen om te bepalen waar technologieën geschikt zijn of niet. Bovendien kan kennis ervan nuttig zijn voor wetenschappers, omdat ze dan beter met boeren kunnen communiceren (Bellón, 2002).

### 2.2.2 Karakterisering van de agro-productieve systemen in Angola

Volgens Sardinha en Carriço (1975) was de landbouw in de periode voor de onafhankelijkheid de sterkste sector van de economie, die als basis diende voor alle economische ontwikkeling van het land en meer dan 85% van de bevolking van levensonderhoud voorzag. In deze periode bedroeg het maïsareaal 1.459,3 miljoen hectare. Het was ook 's werelds op drie na grootste producent van koffie en een belangrijke exporteur van maïs. De productie van granen, maïs, gierst en rijst, peulvruchten, bonen, pinda's, wortels en knollen, cassave, aardappelen, zoete aardappelen en yamswortel, en andere industriële gewassen zoals katoen, sisal, suikerriet en oliepalm droeg ook bij aan de binnenlandse en buitenlandse handel (MINADER, 2009).

De landbouw in Angola vertegenwoordigt slechts 12% van het Bruto Binnenlands Product (BBP), waardoor de zelfvoorziening op voedselgebied toeneemt (MINADER, 2006 en FAO, 2011). Toch is het een fundamentele activiteit voor de Angolese bevolking, aangezien, zoals we eerder al vermeldden, ongeveer 65% van de bevolking afhankelijk is van deze economische activiteit om te overleven. Landbouw is voornamelijk gezinslandbouw, waarbij voedsel wordt geproduceerd voor eigen gebruik en overschotten voornamelijk worden verkocht op lokale markten.

Volgens het Angolese ministerie van Landbouw en Plattelandsontwikkeling (MINADER) waren de belangrijkste gewassen in termen van hoeveelheden en arealen voor de campagne 2019-2020: cassave, maïs, zoete aardappelen, nieraardappelen, enz.

Tabel 1. Productie, areaal en productiviteit van de belangrijkste gewassen in de campagne 2019/2020.

| Nee. | Cultuur | Productie (ton) | Oppervlakte (ha) | Opbrengst (t.ha$^{-1}$) |
|---|---|---|---|---|
| 1 | Maïs | 743 000 | 1 094 000 | 679 |

| 2 | Massango/ massambala | 138 000 | 353 000 | 391 |
|---|---|---|---|---|
| 3 | Rijst | 8 700 | 6 000 | 690 |
| 4 | Cassave | 8 607 000 | 749 000 | 11 491 |
| 5 | Bonen | 109 000 | 353 000 | 309 |
| 6 | Pinda's | 66 000 | 182 000 | 363 |
| 7 | Friet | 309 000 | 124 000 | 2 492 |
| 8 | Zoete aardappelen | 664 000 | 145 000 | 4 579 |

Bron: Gaudioso (2021).

Qua oppervlakte zien we dat de belangrijkste gewassen maïs is, dat samen met massango en massambala het basisvoedsel is in het centrum en het zuiden, en cassave, dat het basisvoedsel is in het noorden en steeds meer geconsumeerd wordt in het hele land.

Hoewel de productiecijfers voor granen (maïs, gierst en rijst) veel hoger zijn dan in voorgaande jaren, zijn nog steeds niet voldoende om in de behoeften van het land te voorzien (MINADER, 2005). Door de slechte staat van het wegennet en de inefficiëntie van de afzetsystemen is het mogelijk dat de overschotten de gebieden met tekorten niet hebben bereikt.

Door zijn lage teeltvereisten, het feit dat het lang in de grond kan blijven (en alleen geoogst wordt als dat nodig is) en zijn hoge gemiddelde opbrengst per hectare, is het cassavegewas vandaag de dag een belangrijke factor in de voedselzekerheid in Angola. De hoge productiviteit die in de bovenstaande tabel is opgenomen, betekent dat er vandaag de dag een aanzienlijke uitmuntendheid is in dit product in het land (Vasques, 2010).

Wat betreft de productie van de belangrijkste peulvruchten, bijvoorbeeld bonen, wordt nog lang niet in de behoeften van het land voorzien: slechts een derde van de behoeften wordt geproduceerd. In het geval van pinda's wordt daarentegen voor ongeveer 98 in de behoeften voorzien, waardoor het land in de toekomst waarschijnlijk een exporteur van dit product zal worden. Wat de productie van zoete aardappelen betreft, wordt geschat dat er een overschot is van ongeveer een vijfde van de nationale productie, terwijl de rendieraardappelproductie voorziet in ongeveer 80 % van de nationale behoeften (MINADER, 2005).

De landbouw in Angola is voornamelijk van het familiale type, waar het gebruik van geavanceerde technologie schaars is en normaal gesproken handgereedschap wordt gebruikt voor het voorbereiden van land, onkruid wieden, zaaien en oogsten. Er wordt weinig gebruik gemaakt van landbouwinputs en de opbrengsten zijn meestal laag in vergelijking met de wereldproductie. Geschat wordt dat traditionele boeren (of boerinnen) verantwoordelijk zijn voor 80 procent van de nationale productie. De rest van de productie, 18%, is afkomstig van middelgrote boeren en slechts 2% van commerciële boeren (Pedro, 2008).

Ooit was Angola een van 's werelds grootste exporteurs van koffie en andere landbouwproducten zoals katoen, sisal, maïs, cassave en bananen, maar nu wordt de landbouw in Angola gekenmerkt door een landbouwproductie die ver boven zijn potentieel ligt, waardoor het land gedwongen is grote sommen geld uit te geven aan voedselimport (Agro-negócio, 2014). Benadrukt moet worden dat er maatregelen en inspanningen worden geleverd om armoede en voedselonzekerheid in verschillende Afrikaanse landenwaaronder Angola, te bestrijden. Op 9 juli 2002 keurden de Afrikaanse ministers van het Gedetailleerd Programma voor de Ontwikkeling van de Afrikaanse Landbouw (PDDAA) in NEPAD (Nieuw Partnerschap voor de Ontwikkeling van Afrika) goed.

Dit programma is gericht op het herstel van de landbouwgroei, plattelandsontwikkeling en voedselzekerheid in de Afrikaanse regio. Het PDDAA bestaat uit vijf pijlers:

1) Uitbreiding van het areaal met duurzame landbeheersystemen en veilige controle van waterbronnen;
2) Verbetering van de plattelandsinfrastructuur en handelsgerelateerde capaciteiten voor een betere toegang tot markten;
3) Het voedselaanbod vergroten en honger verminderen;
4) Ontwikkeling van landbouwonderzoek, verspreiding en toepassing van technologieën om de productiviteitsgroei op lange termijn te ondersteunen;
5) Duurzame ontwikkeling van veehouderij, visserij en bosbestanden (Neto, 2008).

Met dit in gedachten vroeg de Angolese regering, met als doel de armoede en voedselonzekerheid te verminderen, de FAO om een Nationaal Investeringsprogramma voor de middellange termijn (PNIMP) en een portefeuille van bankabele projecten (BIIP, s) op te stellen (MINADER, 2004).

De levensvatbaarheid van investeringen in de sector wordt beïnvloed door verschillende beperkingen. De afhankelijkheid van de buitenlandse markt en de opgeblazen economie verhogen de kosten van de landbouwproductie en -uitrusting, die meestal wordt geïmporteerd, en er is ook de verzwarende factor lage productiviteitsniveaus in de meeste producten (Angola - Profile of the Country's Private Sector, 2012).

De omvang van Angola's grondgebied en de aanwezigheid van gunstige natuurlijke omstandigheden, met name de bodemgesteldheid en het klimaat, vormen een buitengewoon potentieel voor de land- en bosbouwactiviteiten van het land. Hoewel de nationale economie voornamelijk wordt ondersteund door niet-hernieuwbare natuurlijke hulpbronnen, levert de landbouwsector een belangrijke bijdrage aan de economie van het land, aangezien deze sector de op twee na grootste bijdrage levert aan het BBP van het land het belangrijkste reservoir van arbeidskrachten bij uitstek is (Ministerie van Landbouw, 2013).

Volgens Agro-negócio (2014) zijn investeringen in productiesystemen in de landbouw- en veeteeltsector investeringen voor de middellange tot . Zelfs als het gaat om eenjarige gewassen, is het nodig om de productiesystemen die de productiviteit beïnvloeden te optimaliseren, zoals het selecteren van variëteiten, het aanpassen van de bemesting, bodemcorrectie, de bestrijding van plagen en ziekten, enz.

In dit verband de Angolese regering via het ministerie van Landbouw programma's ontwikkeld die gericht zijn op het bevorderen en stimuleren van particuliere economische activiteiten, met name de productie van goederen en diensten die direct en indirect verband houden met de landbouwproductie (Ministerie van Landbouw, 2013).

Klimatologische kenmerken, kennis en generatie-ervaring zijn sleutelfactoren in het proces van ontwikkeling van productiesectoren die de dynamisering van de agro-industriële en logistieke sector bevorderen, waarbij geprofiteerd wordt van de voordelen van de geostrategische ligging van de provincie, die de mogelijkheid biedt om de nationale markt te bevoorraden, importen te vervangen en de ontwikkeling van de vleessector en afgeleide producten te stimuleren (Ministerie van Landbouw, 2013).

## 2.3 Producentkenmerken en sociaaleconomische aspecten

### 2.3.1 Scholing en verenigingen

Volgens Freitas en Bacha (2004) houdt een hoger opleidingsniveau van boeren verband met hun ondernemersvaardigheden, waardoor ze zich gemakkelijker kunnen aanpassen aan cyclische en structurele veranderingen in de landbouw. Gezien het belang van scholing, correleren de auteurs menselijk kapitaal positief met het groeiniveau in de staten. Wizniewsky en Wizniewsky (2009) bevestigen deze conclusies en stellen dat een laag opleidingsniveau een negatieve invloed heeft op het beheer van familiebedrijven door het moeilijk te maken om bepaalde technologieën te implementeren en duurzaamheid te begrijpen. Ze benadrukken echter het belang van opgebouwde kennis voor het uitvoeren van activiteiten op de boerderij.

Volgens Moraes en Curado (2004) is het doel van verenigingen van plattelandsgemeenschappen om het productieproces en de gemeenschap te verbeteren door de acties van familiale boeren te integreren. De praktijk van solidariteit kan ook relaties vergemakkelijken met professionals die verbonden zijn met het milieu, de instellingen en de samenleving als geheel (Lazzarotto, 2002).

### 2.4 Bijzonderheden van plantaardige productie

Het meest opvallende kenmerk is de intensieve aard van bodemgebruik, teelt, arbeid en moderne landbouwproductiemiddelen (zaden, pesticiden en kunstmest). Deze inputs worden in grote hoeveelheden per bebouwde oppervlakte gebruikt. Aan de andere kant zorgt het voor hoge netto-inkomsten per bebouwde oppervlakte (Filgueira, 1981).

De olijvenkweker is het type plattelandsondernemer dat de hoogste winst maakt per eenheid bebouwde oppervlakte in vergelijking met andere landbouwers of kwekers. Dit komt omdat de groeicyclus voor groenten in de meeste gevallen veel korter is voor andere gewassen. Een voorbeeld: in één jaar kun je op hetzelfde perceel 3 tomaten telen, of 6 keer sla, of 12 keer radijs. De cyclus van groenten is meestal 3 tot 6 maanden, uitzondering van snapper (die overblijvend is) of chayote (semi-overblijvend) (Makishima, 1983).

Aangezien de oppervlakten kleiner zijn, kunnen we de intensieve teelt verbeteren door gebruik te maken van manuele bestuiving, begassing van de bedden, productie van zaailingen in containers, van de vruchten, bladbemesting, enz. Door de hoge fysieke en economische rentabiliteit maakt de olericultuur het mogelijk om land met een lage natuurlijke vruchtbaarheid te gebruiken, dat niet rendabel zou zijn voor andere gewassen (Zamberlam en Froncheti, 2001).

#### 2.4.1 Classificatie van groenten

Volgens Bevilacqua (2002) is er vanwege het grote aantal betrokken soorten en de bijzonderheden van elk gewas behoefte een methodologie die de botanische en technologische overeenkomsten en verschillen tussen deze gewassen kan benadrukken.

Daarom proberen we ze op een didactische manier te groeperen en zijn er verschillende classificaties gebaseerd op gemeenschappelijke kenmerken. Een zeer oude classificatie beschouwt de delen die gebruikt worden in menselijke voeding en die commerciële waarde hebben als de criteria voor groepering. Deze classificatie wordt momenteel, met kleine aanpassingen, gebruikt door het National System of Supply Centres (Zamberlam en Froncheti, 2001):

- ✓ Knolgewassen: groenten waarvan de bruikbare delen zich in de grond ontwikkelen, waaronder: knollen (aardappelen, yams), wortelstokken (yams), bollen (uien, knoflook) en knolwortels (wortelen, bieten, zoete aardappelen, cassave).
- ✓ Fruitgroenten: het fruit wordt gebruikt, groen of rijp, geheel of gedeeltelijk: watermeloen, paprika's, okra's, erwten, tomaten, jiló, aubergine, pompoen.
- ✓ Kruidachtige groenten: groenten waarvan de bruikbare delen boven de grond zitten, mals en sappig zijn: bladeren (sla, taioba, kool, spinazie), stengels (asperges, venkel, selderij), bloemen en bloeiwijzen (bloemkool, broccoli, artisjokken).

### 2.4.2 Oorsprong en geografische spreiding van de koolteelt

Verschillende studies hebben geconcludeerd dat de gecultiveerde soorten Brassica oleracea afkomstig zijn van één ouder die lijkt op de wilde vorm, die van de Atlantische kusten naar het Middellandse Zeegebied werd gebracht, en dat de evolutie en selectie van de verschillende gecultiveerde soorten plaatsvond in het oostelijke Middellandse Zeegebied. Brassica's zijn kosmopolitische soorten die vooral veel voorkomen in het Middellandse Zeegebied, Zuidwest-Azië, Centraal-Azië en de westkust van Noord-Amerika. Tot de soorten economisch belang behoren koolzaad (Brassicanapus) en enkele siergenera (Cleome, Hesperis, Erysimum, Iberis, Lunaria, Lobularia) (Almeida, 2014).

Aanvankelijk was de koolteelt geconcentreerd op het Italiaanse schiereiland en door de intensieve handelsbetrekkingen in de Romeinse tijd verspreidde de teelt zich naar verschillende gebieden in het Middellandse Zeegebied. In de 16e eeuw verspreidde de teelt zich naar Frankrijk en in 1586 verscheen de kool in Engeland. In de 17e eeuw verspreidde de teelt zich over heel Europa en in de 19e eeuw breidden de Europese koloniale machten de teelt uit naar de hele wereld (Triani *et al.*, 2015).

Na de ontdekking van de Nieuwe Wereld introduceerden de Europeanen het in Amerika en het werd erg populair bij de inheemse bevolking. Al in de 17e eeuw suggereerde Nicholas Culpeper, een liefhebber van alchemie, natuurkunde en astrologie, in zijn werk "Complete Herbal" dat koolsap gemengd met wijn de pijn van een adderbeet kon verbeteren. Het gewas verdraagt bodems met een hoog zout- en gipsgehalte, maar is onverdraagzaam in andere omgevingen waar het moet concurreren met andere planten in andere omstandigheden (Saavedra, 2013).

Bladkool, een een- of tweejarige groente uit de familie van de Brassicaceae, ook bekend als gewone kool en boterkool, komt oorspronkelijk van het Europese continent. De consumptie ervan is geleidelijk toegenomen, waarschijnlijk door nieuwe manieren om het te gebruiken in de keuken en recente wetenschappelijke ontdekkingen over de voedings- en medicinale eigenschappen (Bianco, 2015).

De cultivars Manteiga de Ribeirão Pires (A), Manteiga de Jundiaí (L); Manteiga São José (N), Pires 2 de Campinas (R), Orelha de Elefante (U), Vale das Garças (V), Comum (X) en IAC - Campinas - Mendonça blinken uit in het aantal bladeren per plant, hun grootte, uiterlijk en smaak, wat de consument tevreden stelt.

Het geslacht Brassica omvat veel soorten die van groot belang zijn vanwege hun economisch belang en voedingswaarde. De consumptie van deze groenten wordt in verband gebracht met gunstige effecten op de gezondheid, zoals bescherming tegen kanker en hart- en vaatziekten (Oberley en Oberley, 1997; Moore *et al.*, 2007).

Binnen dit geslacht is vooral Brassica oleracea belangrijk, omdat het een grote verscheidenheid aan gewassen omvat, zoals zuring, kool, bloemkool, broccoli en spruitjes. Kool is bijzonder rijk aan antioxidanten, zoals vitaminen, fenolen, carotenoïden en glucosinolaten, en is vooral rijk aan calcium (Rosa y Heaney, 1996; Nilsson *et al.*, 2006).

De koolplant kan worden vermeerderd door zaden of scheuten. Zaden worden gezaaid in isopora-bakken en vervolgens verplant met een kluit, terwijl scheuten worden genomen uit de bladoksels van volwassen planten en verplant in bedden en/of bakken. Zaailingen van hybride cultivars worden alleen geproduceerd door zaden, aangezien de planten geen

Trani *et al.* (2015) produceren. Vermeerdering met behulp van scheuten is eenvoudiger, omdat de scheuten in bedden worden geplant, die op dezelfde plaats wortelen en groeien.

De bladeren moeten om de zeven tot tien dagen worden geoogst, waarbij goed ontwikkelde bladeren van ongeveer 20 tot 30 cm lang worden gekozen, hoewel er veeleisendere markten zijn die de voorkeur geven aan bladeren van 25 tot 30 cm lang. Tijdens het oogsten wordt aanbevolen om oude bladeren en scheuten te verwijderen om de continue vorming van nieuwe bladeren aan de hoofdstengel van de plant te stimuleren (Trani *et al.*, 2015).

### 2.4.3 Taxonomische classificatie

Kool (Brassica oleracea L.) werd voor het eerst beschreven door Linneo in Species plantarum (1753), waarin hij een wilde soort beschreef. Volgens Almeida (2014) houdt de genetische aanduiding van de soort rekening met twee botanische variëteiten:

- ✓ Brassica oleracea L., variëteit Acephyala DC, waaronder boerenkool, een cultivar van sierkool en voederkool.
- ✓ Brassica oleracea L., variëteit Constata DC, waar de afgeknotte kool, ook bekend als boerenkool of Portugese kool, toe behoort.

Tabel 2. Taxonomische classificatie van kool (Brassica oleracea L.).

| Taxonomie | Nomenclatuur |
|---:|---|
| Koninkrijk | *Groente* |
| Subkoninkrijk | *Tracheobiont* |
| Divisie | *Magnoliophyta* |
| Klasse | *Magnoliopsida* |
| Subklasse | *Dilleniidae* |
| Bestel | *Brassicales* |
| Familie | *Brassicaceae* |
| Geslacht | *Brassica* |
| Soorten | *Brassicaoleracea l* |
| Gebruikelijke naam | *Boerenkool* |

Bron: Gaudioso (2021).

Kool behoort tot de familie van de Brassicaceae, ook bekend als Cruciferae, die meer dan 300 geslachten en 3000 soorten omvat, die vooral veel voorkomen in het Middellandse Zeegebied, Zuidwest-Azië, Centraal-Azië en westkust van Noord-Amerika. De familie omvat ook verschillende tuinbouwsoorten groot economisch belang. Er zijn 22 soorten Brassicaceae die als groente worden geteeld, behorend tot 14 geslachten (López, 2010). Volgens Martínez (2010) is de gewasgroep Brassica oleracea onderverdeeld in zeven gewasgroepen:

- ✓ Brassica oleracea Acephala Groep - kool.
- ✓ Brassica oleracea Alboglabra Groep - kai-lan (Chinese broccoli).
- ✓ Brassica oleracea Botrytis Groep - bloemkool (en romanesco).
- ✓ Brassica oleracea Capitata Groep - kool.
- ✓ Brassica oleracea Gemmifera Groep - Spruitjes.
- ✓ Brassica oleracea Gongylodes Groep - koolrabi.
- ✓ Brassica oleracea Italica Groep - broccoli.

Kool is een eenjarige of tweejarige plant die tijdens de vegetatieve fase 2 meter hoog kan worden.

### 2.4.4 Botanische kenmerken van kool

Wortel

Kool wordt beschouwd als een plant met ondiepe wortels, met een goed gedefinieerde spilwortel die tot 80 cm diep reikt, afkomstig van talrijke takken en absorberende haren en kan dikke wortels zijn die dienen als opslagorgaan, waaruit een gefasciculeerd wortelstelsel voortkomt (Reghin *et al.*, 2008).

Stam

Tijdens de eerste vegetatieve cyclus (ontkieming tot koolvorming) vormt kool een korte, kruidachtige, rechtopstaande stengel die varieert in grootte en cilindrisch is. Volgens López (2010) kan de stengel tussen 60 en 80 cm hoog worden en wordt hij houtachtig naarmate de plant ouder wordt, wat erop wijst dat de zijknoppen zich op de stengel bevinden, in de oksels van de bladeren, die in rust zijn tijdens de eerste fasen van de vegetatieve cyclus. Alleen de apicale knop is actief. Vegetatieve groei. Deze groei treedt op wanneer de bladeren zich ontwikkelen en geoogst worden (Reghin *et al.*, 2008).

Bloeiwijze

Kool produceert een bloeiwijze in de vorm van een eindstandige tros, al dan niet in paniek, de lengte van de tros varieert van 60 tot 80 cm. De bloemen zijn geel, perfect en regelmatig, middelgroot, hermafrodiet en vruchtbaar, meestal allogaam, met vier kelkblaadjes en vier witte of lichtgele kroonblaadjes, glad of ruw, zes wollige draden (2 korte buitenste en 4 lange binnenste) en een stamper met twee holtes (López, 2010).

Fruit

De vrucht is een zaaddoos, wat betekent dat het een brede en smalle peul is, meestal aflopend, met een lengte die varieert van 5 tot 13 cm, het aanhangsel van de zaaddoos is kort (Reghin *et al.*, 2008).

Zaden zonder endosperm, meestal in één of twee rijen, met dikke zaadlobben en 8 tot 9 zaden, met een glanzende zwarte kleur, rond en zonder rimpels, van middelmatige grootte. In goede bewaaromstandigheden hebben de zaden een levensduur van 5 tot 10 jaar (Reghin *et al.*, 2008).

### 2.4.5 Eisen van kool aan bodem en klimaat

De kwaliteit van groenten wordt beïnvloed door factoren vóór de oogst en andere factoren zoals genetica en milieucomponenten (Barber, Maddux, Kissel, Pierezynski en Bock). Zelfs bij veldgewassen worden de meeste omgevingsfactoren nauwelijks gevormd en blijken ze een grote invloed te hebben op de kwaliteit en voedingswaarde van veel landbouwproducten (Romojaro *et al.*, 2007).

De klimatologische factoren zijn samen van fundamenteel belang voor het goed functioneren van gewassen, aangezien ze allemaal nauw met elkaar verbonden zijn en de werking van één van hen de rest beïnvloedt. Kool is een koel gewas dat matig vorst verdraagt.

<u>Temperatuur</u>

Almeida (2014) stelde dat temperatuur de belangrijkste klimaatfactor is voor de groei en ontwikkeling van het gewas. In principe kan de beste laterale groei worden gestimuleerd door de apicale knop te onderdrukken, waardoor mogelijk wordt om kroppen te vormen, hoewel ze van weinig commercieel belang zijn.

<u>Bladeren</u>

De bladeren van dit gewas zijn groot, meestal 45 cm lang bij 35 cm breed, licht gesteeld, afwisselend, meestal tegenoverstaand, halfdik, lichtgroen van kleur, min of meer langwerpig en ovaal of bijna cirkelvormig van vorm, met een golvende rand. Het bladoppervlak is bedekt met sepicuticulaire was die het moeilijk maakt voor water om aan het oppervlak te blijven, waardoor het wegloopt. De rozet die de bladeren vormt varieert sterk in diameter afhankelijk van de variëteitvan 50cm tot 1m.

Het aantal bladeren varieert van 10 tot 15 bij vroege variëteiten, 20 tot 25 bij tussenvariëteiten en 25 tot 30 bij late variëteiten. Sommige bladvariëteiten kunnen tijdens de fase een hoogte van ongeveer 2 meter bereiken en produceren meer bij temperaturen tussen 15 en 18 °C, waarbij de optimale temperatuur 18 tot 24 °C is. Klimaten die beïnvloed worden door grote watermassa's, met koele, gelijkmatige temperaturen, zijn gunstig voor de teelt. Planten kunnen echter goed tegen lage temperaturen en er is waargenomen dat temperaturen van 3 °C kleine planten met 2 tot 4 bladeren ernstig beschadigen, wat alleen resulteert in een vertraging van de uiteindelijke productie, zonder dat de kwaliteit verandert. Aan de andere kant, als de lage temperaturen zich voordoen wanneer de plant 8 tot 10 bladeren heeft, leidt de kou tot bloei, afhankelijk van de variëteit.

Temperaturen boven de 30 °C zijn schadelijk voor deze groente, vooral in omstandigheden met een lage bodem- en luchtvochtigheid, en minder als de relatieve luchtvochtigheid hoger is dan 80 % (Sousa en Resende, 2010). De optimale temperatuur voor ontkieming ligt tussen 18 en 20 °C. Tijdens

De groeifase van het gewas vereist temperaturen tussen 14 en 18°C overdag en 5 tot 8°C 's nachts, aangezien kool een verschil in dag- en nachttemperaturen vereist (Infoagro, 2008).

Vochtigheid

In groeiomstandigheden zijn temperatuur, lichtintensiteit en relatieve vochtigheid vaak gecorreleerd. Als een van deze factoren lager is dan de optimale waarde, kan dit leiden tot een slechte groei van de plant. Kool is een plant met een hoge luchtvochtigheid, dus idealiter moet de luchtvochtigheid hoger zijn dan 70 procent. In drogere gebieden mag de grond niet uitdrogen, zodat er een vochtig microklimaat kan ontstaan (Ponce, 2010).

Het wortelsysteem van de kool is erg klein in vergelijking met het bovengrondse deel, dus het is erg gevoelig voor een gebrek aan vochtigheid en kan een slechte periode van droogte doorstaan, zelfs als deze erg kort is. Aan het begin van de ontwikkeling van de plant moet de relatieve luchtvochtigheid tussen 65 en 75 procent zijn. Een relatieve luchtvochtigheid van meer dan 75 procent bevordert de ontwikkeling van ziekten, vooral die veroorzaakt door schimmels en bacteriën. Zo worden bepaalde plagen bevorderd door hoge temperaturen en een lage relatieve luchtvochtigheid (Sousa en Resende, 2010).

Er is ook waargenomen dat de relatieve vochtigheid een van de factoren is die de kwaliteit van de bladeren beïnvloedt, in het bijzonder hun textuur, samen met andere factoren zoals bodemvocht, beschikbaarheid van voedingsstoffen en temperatuur (Ponce, 2010).

Relatieve vochtigheid heeft ook een belangrijk effect op de accumulatie van calcium (Ca) in de bladeren door de translatie ervan, die plaatsvindt met de massastroom in de transpiratie. Factoren die de evapotranspiratie door de organen van de plant verminderen, verminderen ook de accumulatie van calcium (Wikipedia, 2009).

Calcium is een fundamenteel element in de mechanische weefsels van de plant, omdat het de celvergroting beïnvloedt en bij een langdurig tekort de groei kan verminderen en zelfs bladnecrose kan veroorzaken. Dit element beïnvloedt ook de hoeveelheid en de organoleptische eigenschappen (Sousa en Resende, 2010).

Helderheid

Licht is een andere belangrijke factor, vooral tijdens de eerste groeiperiode. De productiviteit van het koolgewas, evenals de kleur en textuur, is in grote mate afhankelijk van zonlicht. Dit gewas geeft de voorkeur aan weinig licht. Als het in de volle zon gezaaid moet worden, moet dat aan het begin van de zomer gebeuren en halverwege de zomer moet het beschermd worden tegen direct zonlicht met een schaduwnet of een andere voorziening (Mankin en Fynn, 2006).

Daarom is de ligging van ons land ideaal voor dit type gewas. In sommige tropische en subtropische regio's groeit het goed, zolang het in hoge gebieden staat, en het kan zich gedragen als een vaste plant vanwege de afwezigheid van winter in deze regio's (Sousa en Resende, 2010).

De absorptie van water en bepaalde voedingsstoffen zoals stikstof en kalium neemt toe in reactie op een verhoogde zonnestraling. De maximale absorptiesnelheden werden waargenomen tijdens het helderste deel van de dag (Mankin en Fynn, 2006).

Bodem

Sousa en Resende (2010) stellen dat groenten met succes worden geteeld in bodems met voldoende voedingsstoffen en water. Deze omstandigheden zijn nodig om de groenten zacht en sappig te houden, wat belangrijke vereisten zijn voor een goede productkwaliteit. De vereiste voor vruchtbare grond groenten is omdat ze een slecht ontwikkeld wortelstelsel hebben (verminderd absorptiegebied).

Kristaponyte (2015) meldt dat kool de voorkeur geeft aan zandleembodems met een goed vochtvasthoudend vermogen, vruchtbaar, ondiep 40 tot 60 cm, goed gedraineerd en met een goed gehalte aan organische stof. De wortel profiteert alleen van het bovenste deel, dus diepe grondbewerking is niet gunstig. Het is een plant die goed overweg kan met kalkrijke bodems en licht zout water, hoewel hij de voorkeur geeft aan kwaliteitsbodems en -water. Gronden die wateroverlast veroorzaken zijn ongunstig.

Normale pH-waarden van de grond voor dit gewas variëren van 6 tot 7, hoewel ze een lichte zuurtegraad verdragen, met een pH-waarde van 5,5 tot 6,8 er geen voedingstekorten optreden en ziekten niet woekeren, en ze zijn redelijk tolerant voor zout, met een optimale pH-waarde van 6,2 tot 6,5. Ze groeien goed in elk type grond, van zanderig tot zwaar, onder andere door hun fijne radicale vertakking (Faxsa, 2008).

### 2.4.6 Kool bemesten

Barber *et al.* (2012) toonden aan dat kool een soort is die bevredigend reageert op de bijdragen van goed verteerde mest die in het vorige gewas is verwerkt. De input van minerale meststoffen varieert afhankelijk van de cyclus van de te telen variëteiten. Om te voldoen aan de behoefte aan voedingsstoffen, uitgedrukt in kilo's per hectare, kunnen de volgende marges worden aangehouden: 150 tot 350 nitraat, calciumammonium, 70 tot 120 calciumsuperfosfaat en 200 tot 300 kaliumsulfaat. Wat andere voedingsstoffen betreft, moeten tekorten of overschotten aan magnesium, kalium of calcium worden gecorrigeerd.

Caseiro en Filho (2005) rapporteerden dat kool veel stikstof nodig heeft, dus moet het worden toegediend op basis van de bepaling van de analyses. Het meest geschikt is om gestabiliseerde stikstof te gebruiken, omdat dit de nitraatconcentratie in de bladeren met ongeveer 15% verlaagt.

Met fosfor moet je heel voorzichtig zijn: een hogere dosis dan nodig zal de bloemgroei doen neerslaan. De rol van kalium is essentieel voor het verkrijgen van een oogst van goede kwaliteit, omdat het zorgt voor tolerantie voor vijandige omgevingsomstandigheden zoals droogte, vorst of ziekte. Een gebrek aan kalium veroorzaakt verkorting van de internodiën en geeft een violette pigmentatie aan de nerven van de bladeren (Barber *et al.*, 2012). Boortekort moet ook worden gecontroleerd.

Kristaponyte (2015) meldt dat stikstof belangrijk is voor de koolteelt, vooral in de eerste 2/3 dagen van de teelt. De toediening van stikstof in de vorm van gestabiliseerde stikstof verlaagt de nitraatconcentratie in de bladeren met 10 tot 20%, dus gestabiliseerde meststoffen zijn bijzonder geschikt voor de teelt.

Wat betreft tekorten aan micro-elementen, is kool vooral gevoelig voor tekorten aan boor en molybdeen.

Een bemestingsprogramma aanbevolen door Almeida (2014) voor het telen van kool zou zijn:

Bodem dressing:

- ✓ 14 tot 24 ton $ha^{-1}$ mest of gefermenteerde kip.
- ✓ 600 $kg.ha^{-1}$ NPK-complex (15 - 15 - 15).
- ✓ 240 $kg.ha^{-1}$ magnesiumsulfaat.

Topdressing:

- ✓ 240 kg.ha$^{-1}$ ammoniumnitrosulfaat 10 tot 20 dagen na het planten.
- ✓ 300 kg.ha$^{-1}$ kaliumnitraat 30 tot 40 dagen na het planten.
- ✓ 240 kg.ha$^{-1}$ ammoniumnitrosulfaat wanneer de vegetatie de bodem volledig bedekt.

Pereira *et al.* (2013) gaven aan dat 5 kg.m$^{(-)(2)}$ moet worden gebruikt, goed moet worden gemengd en een week moet blijven staan, waarna 30 uur voor het zaaien de volledige meststof moet worden toegevoegd.

Wat organische bemesting betreft, verdragen veel groenten, zoals sla, kool en boerenkool, geen verse mest, dus hebben ze afgebroken of volledig afgebroken medium nodig (Flebes, 2009).

### 2.4.7 Plagen en ziekten die kool aantasten

Volgens Triani, Passos, Teodoro, Santos en Frare (2015) zijn de belangrijkste plagen en ziekten die de koolteelt aantasten:

- ✓ Defoliator-, spotlijster- en veegwormen, die in hun larvale stadium de koolbladeren en -stengels opeten.
- ✓ De bladluis, die zich op de stengels en aan de onderkant van de bladeren bevindt, werkt door het sap op te zuigen en gif te injecteren, waardoor de bladeren geel en zwak worden en uiteindelijk doodgaan.
- ✓ Mineervlieg, die de gebieden in de buurt van de middelste zenuw van de jongste bladeren aantast.
- ✓ Slakken en naaktslakken, die de bladeren opeten en scheuren.

Ziekten

- ✓ Algenziekte, die verwelking van de planten veroorzaakt door Rhizoctonia solani en wurging van de nek van de plant.
- ✓ Mildiu, het oorzakelijk agens hiervan is Peronospora parasitica, de symptomen zijn het verschijnen van een witte dons op de achterkant van de bladeren en op de bundel, chlorose of vergeling, later worden de vlekken op de bundel donker van kleur.
- ✓ Cenicilla, veroorzaakt door de paddenstoel Erysiphe polygoni, heeft een witachtige cenicillae op de bundel en de achterkant van de bladeren.
- ✓ Botritis (Botrytis cinerea) is de veroorzaker van weefselrot. Aanvallen kunnen zowel op de bladeren als op de nek van planten gevonden worden, altijd met karakteristiek grijs mycelium.

## 2.5 Voedingswaarde en gezondheid van kool

In kool (Brassica oleracea L.) kan het watergehalte meer dan 90 % van het verse gewicht bedragen, waardoor het caloriegehalte erg laag is door het vetgehalte, maar het onderscheidt zich van andere groenten door het eiwitgehalte (3 tot 5 %). Boerenkool is, zoals zoveel groenten, zeer rijk aan vezels en mineralen, evenals calcium en kalium. De vitaminen omvatten A, B1, B2, C, K en foliumzuur (Infoagro, 2008). Het heeft ook kankerwerende eigenschappen dankzij de glucosinolaten (Cartea *et al.*, 2008; Trani *et al.*, 2015).

Flebes (2009) beschreef dat de minerale samenstelling van koolbladeren 19,7 mg $g^{-1}$ calcium (Ca) laat zien, wat de meest geconcentreerde macronutriënt is, gevolgd door kalium (K) en fosfor (P), met respectievelijk 13,5 mg $g^{(-1)}$) en 5,73 mg $g^{(-1)}$. Van de micronutriënten zijn ijzer (Fe) met 72,6 µg $g^{-1}$, mangaan (Mn) met 53,5 µg $g^{-1}$ en zink (Zn) met 39,4 µg $g^{-1}$ het meest overvloedig aanwezig. Andere voedingsstoffen met een hoge concentratie in koolbladeren zijn strontium (Sr) met 252,0 µg $g^{(-1)}$) en aluminium (Al) met 29,3 µg $g^{-1}$. Opgemerkt moet worden dat strontium op dezelfde manier door het menselijk lichaam wordt opgenomen als calcium.

Kool is een populair consumentenproduct dat algemene kenmerken deelt met andere land- en tuinbouwproducten. Een gemeenschappelijk kenmerk is het hoge gehalte aan glucosinolaten (GLS), verbindingen die van groot belang zijn voor de smaak en het aroma van deze groenten (Almeida, 2014).

In koolplanten zijn de belangrijkste aanwezige GLS'en sinigrine, glucoiberine en glucobrassicine, die kunnen variëren afhankelijk van de ontwikkeling van de plant, het grootste voorkomen in de scheuten. Daarnaast heeft het andere eigenschappen zoals zijn herbicide werking, door zijn remmende effect op agerminatie, als schimmelwerend middel en vervult het een verdedigingsfunctie tegen insecten en ziekteverwekkers, omdat het lijkt te werken als een afweermiddel en bepaalde insecten aantrekt die een gunstig effect hebben, zoals Diaeretiella rapae (Cartea *et al.*, 2008; Kushad, 1999; Moreno *et al.*, 2006; Verkerk *et al.*, 2009; Vilar *et al.*, 2008).

Cartea *et al.* (2008) wezen erop dat kool wordt gekenmerkt door zijn hoge voedingswaarde en antioxidantwerking. De bladeren moeten rauw of na blancheren worden gegeten, omdat koken de voedingswaarde verandert en de antioxidantwerking van de bestanddelen vermindert, vooral vitamine C, polyfenolen en β-caroteen.

De bladeren werden waarschijnlijk door de Egyptenaren als geneeskrachtige planten gebruikt, terwijl de Grieken het als openbaar voedsel serveerden. Tijdens de eeuwen van

Romeinse overheersing van de Mare Nostrum, wordt het vermeld in verschillende werken zoals "De ré rústica de Cartón", waar het verschijnt als een medicijn tegen darm- en longziekten. De gastronoom Apicius noemde het ook in enkele van zijn recepten in "De récoquinaria", in de 1e eeuw na Christus (Saavedra, 2013).

Anderzijds werden sommige van deze planten in het verleden gebruikt als geneeskrachtige planten om hoofdpijn, verkoudheid, griep, jicht, diarree, snijwonden, wonden en maagzweren te behandelen. Ze werden beschouwd als planten die spijsvertering en vergiftiging tegengingen en worden vandaag de dag nog steeds voor hetzelfde doel gebruikt. Andere variëteiten zijn erg populair als sierplant; er zijn exemplaren in verschillende kleuren (wit, lila, enz.) die erg nuttig zijn voor het decoreren van stadstuinen, vooral tijdens de koudste tijden van het jaar (Anoniem, 2015).

(Afbeelding 2).

Kennis van de voedingseigenschappen van de koolplant (Brássicaoleráceae L. var. acephala DC.) is belangrijk voor het verkrijgen van voedingsinformatie. Studies uitgevoerd door Ayaz (2006) op koolbladeren toonden aan dat de belangrijkste oplosbare suikers fructose (2.011 mg 100 $g^{-1}$), glucose (1.059 mg 100 $g^{(-1)}$)) en sacharose (894 mg 100 $g^{(-1)}$)) zijn, terwijl organische zuren meer voorkomen in citroenzuur (2.213 mg 100 $g^{(-1)}$)) en appelzuur (151 mg 100 $g^{(-1)}$). Onder de vetzuren vallen alfa-linoleenzuur (54,0 %), linolzuur 11,8 %) en palmitinezuur (11,8 %) op.

De belangrijkste aminozuren zijn glutamaat (12,) en asparaginezuur (10,), en de belangrijkste eiwitten zijn threonine; valine; isoleucine; leucine; tryptofaan; lysine; methionine + cysteïne; fenylalanine + tyrosine, waarvan de samenstelling in koolbladeren voldoet aan de norm die wordt aanbevolen door de Wereldgezondheidsorganisatie (WHO) (Souza, 2018).

Sommige variëteiten worden gebruikt als specerij, voor industriële doeleinden, om olijfolie te verkrijgen en als veevoeder, voor diervoeder, vanwege hun rijkdom aan regulerende stoffen, eiwitten en hoge verteerbaarheid, waardoor ze een ideale aanvulling zijn voor vee, als vers veevoeder of in de vorm van eiwitconcentraten. De consumptie ervan leidt tot minder methaangas in het spijsverteringskanaal van herkauwers, wat van groot belang is milieuoogpunt.

Ook koolsoorten, net als andere bladgroenten, een geschikt voedingsmiddel voor diabetici, omdat hun koolwaterstofgehalte het gebruik van hulpstoffen vergemakkelijkt, die op dezelfde manier werken als insuline. De cardiovasculaire voordelen zijn opmerkelijk: het bevat "sulforafaanisothiocyanaat", een natuurlijke ontstekingsremmer die inwerkt op het hart, cardiovasculaire schade voorkomt en ontstekingsprocessen helpt reguleren. Het consumeren ervan voorkomt ischemie, aderverkalking en de mogelijkheid van een hartaanval (Kimoto, 2006).

Vanwege het hoge vezelgehalte en als bron van aminozuren, is een van de meest opvallende voordelen dat het wordt beschouwd als een anti-kanker voedingsmiddel, vanwege het hoge gehalte aan glucosinolaten, stoffen die enzymen nodig hebben om vrije radicalen te bestrijden, die uiteindelijk leiden tot het ontstaan van kanker. Maar pas onlangs hebben onderzoeken in Japan en VS aangetoond dat kool echt effectief is in het voorkomen van bepaalde soorten kanker, zoals darmkanker en hormoonafhankelijke kankers zoals borstkanker en eierstokkanker, omdat het de stofwisseling van vrouwen stimuleert (Anonymous, 2015).

Sommige koolsoorten hebben gladde bladeren, terwijl andere gestreepte of gerimpelde bladeren hebben (Cartea, Velasco, Obrégon, Padilla en De Haro, 2008). Consumenten verkiezen meestal de gestreepte boven de rassen. De gladbladige variëteit komt echter vaker voor, omdat het als voedergewas wordt geteeld (Vilar *et al.*, 2008). Sommige voedingsstoffen in Brassica oleracea var. acephala cv. Galega zijn in eerdere studies gekwantificeerd (Martin, 2006).

De bladeren worden verkocht in bundels in eenheden, kilogram (kg) en minimaal verwerkt in verpakte porties. Carnelossi *et al.* (2005) ontdekten bij minimaal verwerkte kool dat snijden de ademhalingssnelheid van het blad twee keer verhoogt en dat snel koelen de stofwisseling verlaagt, maar zonder de bewaartijd te verlengen. De auteurs concludeerden ook dat de oogsttijd de ademhalingssnelheid en de activiteit van polyfenoloxidase 3 (PPO) enzymen beïnvloedt, waarbij oogsten om 7 uur 's ochtends wordt aanbevolen.

### 2.5.1 Voedingssamenstelling van kool

De samenstelling van kool (Brassica oleracea L.) kan variëren door zowel extrinsieke als intrinsieke factoren. De belangrijkste intrinsieke factor is het genotype, dat verantwoordelijk is voor het onderscheid tussen soorten, ondersoorten, variëteiten, enz. De leeftijd van de plant is ook erg belangrijk. Extrinsieke factoren zijn divers en omvatten de groeiomstandigheden (klimaat, bodemeigenschappen, gebruik van irrigatiewater, gebruik van meststoffen, toepassing van fytosanitaire producten, etc.) en behandelingen na de oogst (vorm en timing van de oogst, toepassing van conserveringsbehandelingen, etc.). (Almeida, 2014). Elementen gevonden in koolbladeren (Tabel 3).

Tabel 3. Voedingssamenstelling van kool (Brássica olerácea L.).

| VOEDINGSSTOFFEN | EEN | HOEVEELHEDEN |
|---|---|---|
| Energie | Kcal | 27 - 31 |
| Water | % | 91 - 92,4 |
| Koolhydraten | % | 9,9 |
| Eiwit | % | 1,4 - 2,0 |
| Vet | % | 0,10 |
| Vezels | G | 2,1 - 3,1 |
| IJzer | mg | 35 - 47 |
| Natrium | mg | 18 - 28 |
|  | mg | 23 - 42 |
| Magnesium | mg | 15 - 28 |
| Kalium | mg | 230 - 246 |
| Ascorbinezuur | mg | 31 - 57 |
| Vitamine A | UI | 126 - 1116 |
| Vitamine $B_6$ | mg | 0,19 |
| Vitamine C | mg | 35 |

Bron: Gaudioso (2021).

- ✓ Aminozuren: betrokken bij de productie van antilichamen.
- ✓ Arginine: essentieel voor ammoniakverwijdering, weefselherstel en spieropbouw.
- ✓ Ascorbinezuur: essentieel voor het voorkomen van ziekten zoals scheurbuik.
- ✓ Cystine: helpt de hormoonfunctie.
- ✓ Glutaminezuur: verbetert de mentale toestand.
- ✓ Niacine: helpt bij hoge bloeddruk en verlaagt het cholesterolgehalte.

### 2.5.2 Teeltsysteem

Volgens de Bahia Micro and Small Business Support Service (Sebrae, 2018) de belangrijkste factoren die de tuinbouwactiviteiten beïnvloeden: het klimaat, de seizoensgebondenheid van de productie, niet-uniforme producten, hoge productiekosten voor sommige producten, het risico op verliezen door plagen en ziekten en schommelingen in de productprijzen. De sector heeft zijn eigen kenmerken en is afhankelijk van factoren de tuinder vaak niet in de hand heeft.

Dezelfde auteur legde uit dat kool kan worden geteeld met behulp van verschillende systemen, waarvan de keuze moet afhangen van de behoefte aan en beschikbaarheid van inputs, de grootte van het gebied en de beschikbare arbeidskrachten op elk perceel. Tot de meest gebruikte teeltsystemen behoren conventionele (veld), organische, hydrocultuur, slabs5, Mu Ching en andere. De belangrijkste teeltvormen worden hieronder gepresenteerd.

# III. MATERIALEN EN METHODEN

## 3.1 Locatie en fasen van het experiment

Het experiment werd uitgevoerd in de R. L Cantinho do Chicote Coöperatie (N.J.F), in de Mukolongodjo gemeente, Cuvelai gemeente, vanwege de goede omstandigheden van het gekozen gebied. Deze gemeente ligt ongeveer 34 kilometer van de provincie Cunene. Ze is 19 270 km lang$^2$ en grenst in het noorden aan de gemeenten Ombreira en Cuvang, in het oosten aan de gemeenten Cuchi en Menongue, in het zuiden aan de gemeente Cuanhama en in het westen aan de gemeenten Omnadja en Matala. De experimentele fase liep van februari tot juni 2023.

De provincie ligt in het uiterste zuiden van Angola, tussen de breedtegraden 15° 10' 00' in het noorden, 17° 24' 00' in het zuiden en de lengtegraden 13° 02' 00' in het westen en 17° 23' 00' in het oosten, met onregelmatige regenval van maximaal 750 mm per jaar (Ministério de Administração do Território, 2019).

## 3.2 Experimenteel ontwerp

Het experiment werd uitgevoerd in open veldomstandigheden met behulp van een gerandomiseerd blokontwerp, met twee behandelingen met elk drie herhalingen (Tabel 4), voor een totaal van 6 proefpercelen in het open veld. De totale oppervlakte bedroeg ongeveer 88,0 m$^2$ (0,008 ha), die werd gemeten met behulp van een industrieel meetlint en houten palen als richtlijn. Elk bed was 1,13 meter breed en 5,65 meter lang, met 0,45 meter tussen de bedden.

Tabel. 4 Behandelingen gebruikt in het onderzoek.

| Behandelingen | |
|---|---|
| **T1** | Boerenkool (Brassica Olerácea L. *var. troncuda of Portugees*) |
| **T2** | Kool (Brassica Olerácea L. *var. boter* I -1811 *(B)*) |

Twaalf planten per behandeling werden willekeurig geselecteerd als steekproef. Hiervoor werden de planten in de middelste rijen gekozen, waardoor de buitenste rijen en één plant aan beide uiteinden van elke rij overbleven als randeffect, zoals aanbevolen door Morales en Peralta (2009).

### 3.3 Cultivar gebruikt in het onderzoek

Voor het experiment werd bladkool (*Brassica oleracea*) gebruikt: ras Manteiga I-1811 (B) en ras tronchuda o português, gezien het productiepotentieel, het aanpassingsvermogen aan de bodem- en klimaatomstandigheden van het gebied en de vraag van de bevolking. Het zaad werd gekocht bij Shorprite in Namibië in een met aluminium beklede pot. Voor het zaaien werd geen voorbehandeling gebruikt.

### 3.4 Gebruikte organische meststoffen

Rundermest werd gebruikt in een dosis van 30 $t.ha^{-1}$ op het moment van het uitplanten in elke behandeling, gecomposteerd in de eigen schuur van de coöperatie. Zodra de mest was geoogst, werd het in de schaduw gelegd en bevochtigd om verdere ontbinding te bevorderen. Bij het verzamelen moest de mest zo homogeen mogelijk zijn, een aangename geur hebben en zwart van kleur zijn.

### 3.5 Fysisch-chemische eigenschappen van de bodem

Om de vruchtbaarheidsparameters van de bodem in het studiegebied te achterhalen, werd verwezen naar de analyses uitgevoerd door Ricardo (2018) en geciteerd door Victoria (2023), voor een gebied met zandgrond waar dit onderzoek werd uitgevoerd (zie tabel 5 a en b). Dit was een belangrijk aspect bij het bepalen van de doses die in dit onderzoek zijn gebruikt.

**Tabel 5. a.** Chemische bodemeigenschappen.

| $K^+$ (mg/kg) | $Ca^{2+}$ (mg/kg) | $Mg^{(2+}$ (mg/kg) | En dus. (mg/kg) | pH ($H_2O$) |
|---|---|---|---|---|
| 20 | 195 | 19 | 3 | 7,3 |

**Tabel 5. b.** Chemische bodemeigenschappen (vervolg).

| Organisch materiaal (%) | $In^+$ (mg/kg) | Fe (mg/kg) | Stikstof totaal (%) |
|---|---|---|---|
| 0,2 | 12 | 13 | 0,03 |

### 3.6 Voorbereiding van de grond

Het land werd op traditionele wijze voorbereid met een houweel en een schoffel om het onkruid gemakkelijker te kunnen verwijderen. Hiervoor werd een vrouw ingehuurd die vlakbij het studiegebied woonde.

De eerste organische meststof werd één maand voor het zaaien en op 10 en 35 dagen na het uitplanten toegediend, met rundermest in een dosis 5 kg/m$^2$, en geitenmest werd ook in dezelfde dosis toegediend.

### 3.7 De kinderkamer voorbereiden

Zodra het land was vrijgemaakt, werd de kwekerij voorbereid in de buurt van het experimentele gebied waar de bedden werden gemaakt en, met een gemiddeld vochtigheidsniveau, werden de zaden in een met de vinger gemaakt gat gedeponeerd en zodra ze ontkiemd waren, werden de zaailingen 25 dagen later getransplanteerd.

De zaailingen werden verplant wanneer ze gemiddeld ± 8 à 9 cm hoog waren. Om deze operatie te vergemakkelijken, werd de kwekerij vooraf bevochtigd en werden de slecht gevormde planten verwijderd, waarna de zaailingen voorzichtig werden verwijderd en verplant op een afstand van 0,50 meter tussen de planten en 0,60 meter tussen de rijen, zoals vermeld in (Nieuwhof en Pantano, 1969).

### 3.8 Groeiende zorg tijdens onderzoek

Bij het water geven werd rekening gehouden met verschillende tijdstippen van de groeicyclus en afhankelijk van de intensiteit en de technische normen van de zonneteelt, moest er om de twee dagen water worden gegeven.

De plantage werd tijdens de hele cyclus met de hand schoongehouden. Ongedierte werd tijdens alle teeltfasen bestreden. Er werd een barrière van maïs (*Zea mays* L) gebruikt; 40 dagen na het zaaien werd er ook bladwater gegeven met een vloeibare oplossing gemaakt van werende planten zoals Neem (*Azadiracta indica*) in een verhouding van 1L/rugzak.

#### 3.8.1 Terugtransplantatie

Opnieuw uitplanten gebeurde 5 tot 6 dagen na het uitplanten, d.w.z. zaailingen plaatsen op de plaats van de zaailingen die niet wortel hadden geschoten.

#### 3.8.2 Deshierbo

Om het gebied schoon te houden en onkruidbesmetting te voorkomen, werd er tijdens de teeltcyclus meerdere keren 's ochtends voor het besproeien gewied.

#### 3.8.3 Oogsten

Er werd geoogst wanneer de planten commercieel rijp waren, dat was 85 dagen nadat de eerste zaailingen waren gezaaid.

### 3.9 Variabelen die werden geëvalueerd

De geselecteerde planten werden gemeten op 30, 50 en 70 dagen na het uitplanten, in totaal 10 planten van elke behandeling.

A. Groeivariabelen:

- Planthoogte (cm): gemeten met een metrische liniaal, vanaf de basis van de pseudosteel tot het uiteinde van het laatste blad.
- Aantal bladeren (U): dit werd gedaan door visuele telling voor elke behandeling.
- Pseudostamdiameter (cm): gemeten met een ijsvogel.
- Bladbreedte en -lengte (cm): gemeten met een metrische liniaal.

B. Prestatievariabelen en hun componenten:

- Verse bladmassa (g): de bladeren werden voor elke oogst gewogen met een analytische balans, waarbij 2 bladeren per plant van 10 planten per behandeling werden genomen.

### 3.10 Statistische analyses van de resultaten

Op basis van de verkregen gegevens werd een eenvoudige variantieanalyse uitgevoerd voor significante verschillen tussen de gemiddelden van de behandelingen, waarbij het statistische pakket Infostad 2012.Version 1.1 als maatstaf werd gebruikt.

### 3.11 Economische waardering

De technisch economische waardering werd geanalyseerd op basis van de verkregen productie in t.ha$^{-1}$, rekening houdend met de indicatoren:

- Productiekosten: de kosten van alle plantaardige productieactiviteiten werden genomen, waarbij onder andere uitgaven, irrigatie, zaden, organisch materiaal en grondbewerking werden bepaald.
- Productiewaarde: als ik bepaal, houd ik rekening met de productie van kool en de waarde ervan op de lokale markt.

Verkoopprijs = 1 pak koolbladeren kost tussen 100 en 200 Akz op de lokale markt.

- Gain (Akz): bepaald door de volgende uitdrukking (Carrasco, 1992).

Winst = productiewaarde - productiekosten

# IV. RESULTATEN EN DISCUSSIE

## 4.1- Gedrag van plantengroei variabelen

### 4.1.1 Planthoogte .

Uit de resultaten van de experimenten kan worden opgemaakt dat er een statistisch verschil was tussen de verschillende behandelingen van de bladkoolteelt en de planthoogtevariabelen (figuur 1). Dit geeft aan dat de beste resultaten werden verkregen in behandeling T1 (kool (Brassica Olerácea L. *var. troncuda o português*)).

Figuur 1. Planthoogte variabelen.

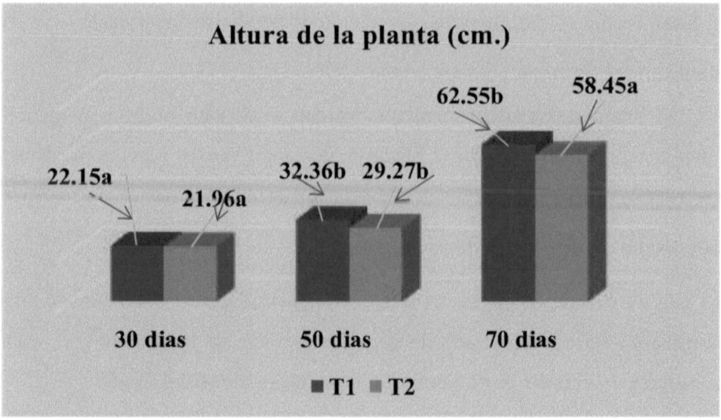


Gelijke letters in dezelfde kolom verschillen statistisch niet volgens Duncan's test voor $p \leq 0{,}05$.

Op 30 dagen leeftijd was er geen significant verschil tussen de behandelingen, waar de planten 22,15 en 21,96 cm hoog waren. Op 50 dagen was de hoogte van de plant het grootst in behandeling T1 (32,36 cm), en op 70 dagen bereikte deze 62,55 cm.

Ook moet worden opgemerkt dat er vanaf de vijfde dag na het uitplanten een verandering in de kleur van de bladeren optrad, wat aangeeft dat de plant de voedingsstof snel opnam. In dit opzicht constateerden Silva (1985) en Lyons *et al.* (1994) significante verschillen wanneer hoge nitraatniveaus werden toegediend aan planten die met mest en minerale meststoffen waren geproduceerd. Dit lijkt deels te komen doordat stikstof geleidelijker beschikbaar komt voor planten (Rodrigues, 1990 en Kiehl, 1993).

De resultaten werden vergeleken met die gevonden door Steiner *et al.* (2009), die de productie van boterkool met organische compost evalueerde, en er werd opgemerkt dat de waarden voor de hoogte hoger waren dan de resultaten gevonden door de auteur, wat suggereert dat individueel toegediende rundermest een goede planthoogteontwikkeling geeft voor organische productie.

Verder is het belangrijk om te verduidelijken dat in beide gevallen organische rundermest wordt gebruikt, zoals ik eerder heb uitgelegd, en dat humusstoffen meestal op de bodem worden aangebracht en de structuur en microbiële populatie ervan positief beïnvloeden en de oplosbaarheid van voedingsstoffen in de bodem verhogen. Ze bevorderen dus een grotere plantengroei, veroorzaakt door de aanwezigheid van stoffen met functies die lijken op plantengroeiregulatoren, en verminderen het effect van waterstress op planten (Sediyama *et al.* 2000).

Volgens Silva Filho *et al.* (2002) zijn de belangrijkste functies van deze humusstoffen het verhogen van de CEC van de bodem, het samenvoegen van deeltjes, het verminderen van de bulkdichtheid, het verhogen van het vochtvasthoudend vermogen van de bodem, complexatie en chelatie, mijnbouw en de biologische structuur van de bodem.

In het verleden gaven boeren de voorkeur aan hogere boterkoolplanten vanwege het gemak waarmee de bladeren geoogst konden worden (Nieuwhof en Pantano, 1969). Tegenwoordig groeit echter de voorkeur voor kleinere genotypen (Azevedo *et al.* 2012), wat laat zien dat de waarden die gevonden worden in deze productie met biologische toevoegingen bevredigend kunnen zijn voor de producent.

### 4.1.2 Aantal bladeren

Met betrekking tot de resultaten voor het aantal totale bladeren (NFT), getoond in figuur 2, werd er een significant verschil gevonden tussen de behandelingen. Opgemerkt moet worden dat bij 30, 50 en 70 d.a.s. de beste resultaten werden verkregen door de behandeling (T1 Kool (Brassica Oleracea L. *var. troncuda o Portugees*) in alle gevallen. De resultaten zijn te danken aan de betere fysische kenmerken van de bulk en de dichtheid van de deeltjes van de amendementen, die zorgen voor een grotere bladvorming in de plant.

Figuur 2. Aantal bladeren.

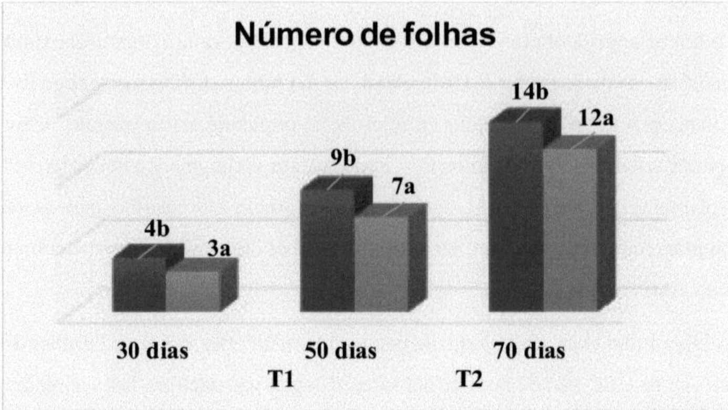


Gelijke letters in dezelfde kolom verschillen statistisch niet volgens Duncan's test voor $p \leq 0,05$.

Het totale aantal bladeren vertegenwoordigt de groeikracht van de plant, d.w.z. het is de maximale expressie van het genetisch potentieel toegevoegd aan de omgevingsfactoren, en in dit geval is het wenselijk dat hoe groter het totale aantal bladeren, hoe groter het aantal commerciële bladeren. In deze studie werd de beste groeikracht verkregen in behandeling T1, die de beste voedingseigenschappen had, wat Milner (2006) bevestigt, die beschrijft dat plantengroei sterk beïnvloed wordt door de fysische en chemische eigenschappen van meststoffen.

De resultaten zijn vergelijkbaar met die van Taiz *et al.* (2017), die bladsenescentie beschreef als een genetisch gereguleerd proces dat niet volledig kan worden opgeheven of verhoogd door een mutatie, behandeling of omgevingsfactor, waarbij factoren zoals ontwikkelingsleeftijd of chronologische leeftijd bepalend kunnen zijn voor bladsenescentie.

Zeiger *et al.* (2017) toonden in studies met tien koolgenotypen aan dat een tekort aan water een negatieve invloed had op hun biomassa, productie en voedingskwaliteit, met een afname van de biomassa met 19 tot 35 , afhankelijk van het genotype, en verlies van voedingsstoffen in koolplanten, waaronder K, P, Fe, Mn en Cu.

### 4.1.3 Diameter pseudostem (mm)

Er was een significant verschil ($p<0,01$) voor de behandelingen, de tijd en de interactie daartussen voor de pseudostemdiameter (figuur 3).

Figuur 3: Respons van pseudostemdiameter op verschillende behandelingen.

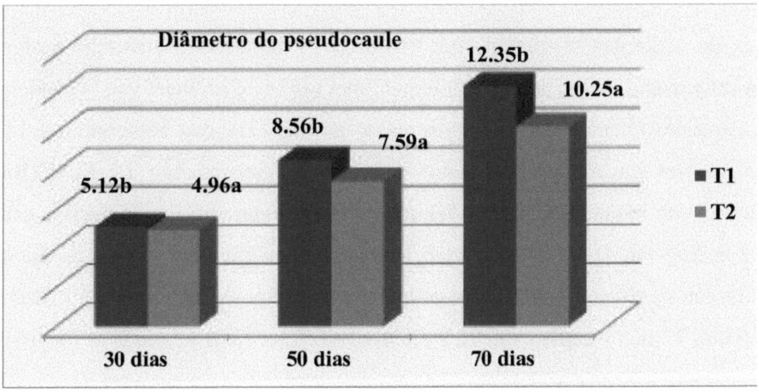


Gelijke letters in dezelfde kolom verschillen statistisch niet volgens Duncan's test voor $p\leq0,05$.

De gemiddelde groei van de pseudostemdiameter van koolplanten was lineair over de teeltperiode (30 tot 70 dagen) voor alle bewerkingen die werden geëvalueerd. De grootste pseudostemdiameter was 12,35 mm op 70 dds in behandeling T1 (Kool (Brássica Olerácea L. *var. troncuda o português*). De kleinste plantdiameter op 70 dds werd verkregen in behandeling T2 Couve (Brássica Olerácea L. *var. manteiga* I -1811 *(B)*) 10,25 mm.

In verband hiermee hebben Taiz en Zeiger (2013) erop gewezen dat de stengelgroei, hoewel minder bestudeerd dan de bladgroei, ook wordt beïnvloed door dezelfde omstandigheden die de bladgroei beperken tijdens perioden van lage waterbeschikbaarheid.

Novo *et al.* (2010) verkregen lineaire groei in de stengeldiameter van koolplanten tot 80 dagen voor de cultivars Verde-Escura, Orelha de Elefante en Vale das Garças, maar na deze periode was er een afname in diameter. Deze afname werd niet waargenomen in deze studie.

Het kennen van de diameter van de stengel is belangrijk voor het bepalen van het ideale moment om de plant te ondersteunen en, als gevolg daarvan, plantverliezen door omvallen in de wind te verminderen (Novo *et al.* 2010). Trani *et al.* (2015) wezen er echter op dat de fysiologische verschillen in kool niet alleen verband kunnen houden met de klimatologische omstandigheden, maar ook met de botanische kenmerken van de plant en de reacties op culturele behandelingen (bemesting en irrigatie).

### 4.1.4 Bladbreedte en -lengte .

Volgens de verkregen resultaten voor bladbreedte, toonde de statistische analyse een significant verschil tussen de behandelingen, met het beste resultaat van behandeling T1 (Kool (Brassica Olerácea L. *var. troncuda o português*)), met bladeren van 18,9 cm (figuur 4). Het laagste resultaat werd verkregen in behandeling T2 Kool (Brassica Olerácea L. *var. manteiga* I -1811 *(B)*), met resultaten van 16,9 cm. Hetzelfde gebeurde met het gedrag van de bladlengtevariabele, waar behandeling T1 volgens de statistische gegevens een significant hoger resultaat had met waarden van respectievelijk 28,3 cm en behandeling T2 met waarden van 22,0 cm in bladlengte, zoals te zien is in figuur 4.

Figuur 4 Bladbreedte en -lengte

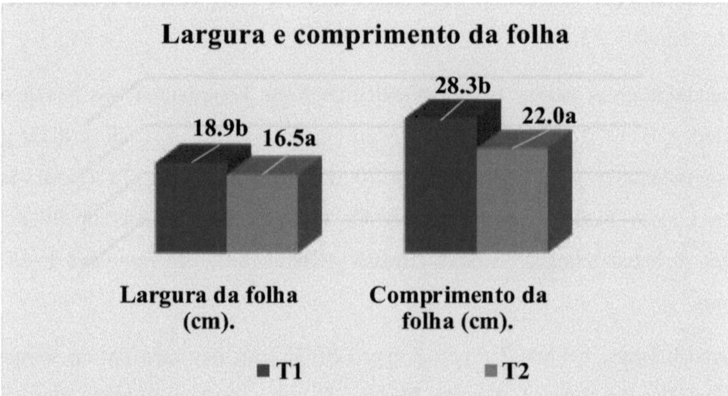


Gelijke letters in dezelfde kolom verschillen statistisch niet volgens Duncan's test voor $p \leq 0,05$.

Deze informatie is vergelijkbaar met die beschreven door Taiz *et al.* (2017), die rapporteerden dat tijdens bladsenescentie voedingsstoffen worden geremobiliseerd via het floëem van de bronbladeren naar de drains van vegetatieve of reproductieve groei, en dat voedingsstoffen uit de afbraak van koolstof en de omzetting van chlorofyl, eiwitten en andere macromoleculen kunnen worden getranslokeerd naar andere delen van de plant, zoals organen in vegetatieve groei, zaden of zich ontwikkelende vruchten.

Het is belangrijk om op te merken dat volgens Castro *et al.* (2005) oude bladeren dienen als waterbron voor nieuwe bladeren, omdat ze een hoge inweekdruk hebben en veel water absorberen vanwege hun slecht gevacuoleerde cellen. Daarom bevorderden verouderde bladeren van koolplanten de remobilisatie van voedingsstoffen en water voor de nieuwe bladeren in ontwikkeling.

De positieve resultaten van de behandelingen met rundveemest en chemische bemesting komen overeen met Kampf en Fermino (2000), die publiceerden dat dichtheid een belangrijk kenmerk is in de samenstelling van het substraat, omdat het de porositeit en waterbeschikbaarheid van het substraat verstoort, waardoor de plantengroei wordt beperkt.

## 4.2 Bladgewicht respons van de planten.

Figuur 5 toont de reactie van de plant op het gemiddelde gewicht van de bladeren per behandeling na het uitplanten, waarbij de hoogste resultaten werden behaald in behandeling T1 (*Portugese* kool (Brássica Olerácea L. *var. troncuda*) met een gewicht van 420,7 g; 422,9 g; en 423,8 g op respectievelijk 30, 50 en 70 dagen

Figuur 5: Respons bladgewicht plant

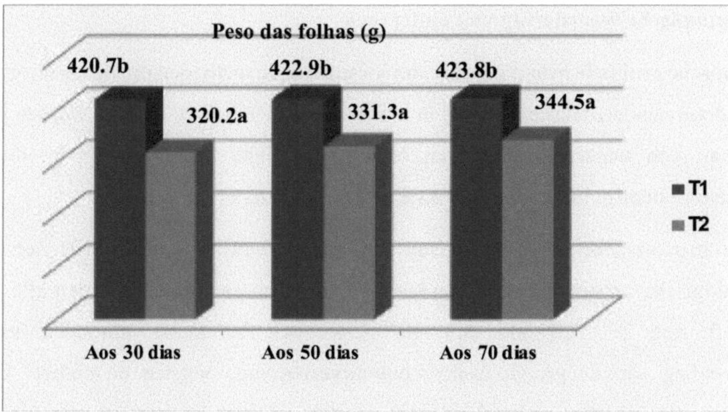


Gelijke letters in dezelfde kolom verschillen niet volgens de meervoudige gemiddelde vergelijkingstest. Significant bij een waarschijnlijkheid van 5% ($p<0,01$).

Het gemiddelde gewicht van de bladeren is een component van de opbrengst en is een indicator van groot belang voor de kwaliteit van het koolblad. Ze zijn goed aan elkaar gerelateerd omdat ze de bladeren een goede uitstraling geven (Huerres en Caraballo,

1996). Het gewicht van de bladeren bepaalt ook de opbrengst van dit gewas, ongeacht de omstandigheden.

Het resultaat wordt ook weerspiegeld in de grond zonder organische meststofbehandeling, die relatief weinig humus bevatte, evenals in de vorming van stabiele macro-aggregaten in het bodemwater, waaronder poriën die zorgen voor beluchting en drainage.

De hier gepresenteerde resultaten laten zien dat organische stof de bodemvruchtbaarheid verbetert, de chemische, biologische en fysische processen die plaatsvinden in de bodem reguleert en opbrengstcomponenten beïnvloedt. Op het gebied van chemische processen helpt organische stof om planten te voorzien van essentiële elementen, wat kan leiden tot een betere bladbreedte en -lengte (Sousa en Resende, 2010).

Werk uitgevoerd door verschillende auteurs is erin geslaagd om het gemiddelde gewicht van bladeren per perceel in bladgroenten te verhogen door organisch materiaal toe te passen. Dit valt samen met wat Ernesto (2018) zegt wanneer hij stelt dat organische meststoffen veilige, economische en effectieve systemen zijn om resultaten op korte termijn te behalen.

### 4.3 Economische waardering van onderzoek

Economische evaluatie maakt gebruik van kwantitatieve methoden om de kosten en baten van landbouwonderzoeksactiviteiten in te schatten (zie tabel 6). Dit kan worden gedaan in termen van marktprijzen, kosten en de werkelijke voordelen die producenten ontvangen (Falcony, 1994 geciteerd door Dongua 2020).

Om de economische effectiviteit van het zaaien van twee koolvariëteiten in de klimatologische omstandigheden van Mukolongodjo te analyseren, werden alle kosten voor elk van de volgende culturele activiteiten berekend: transport, irrigatie, voorbereiding van de grond, zaaien, cultuurverzorging, oogsten en andere. Om de indicatoren te analyseren, gebruikten we de huidige prijs van het landbouwproduct (kool) in shorprite en de werkelijke kosten van onderzoek.

Tabel 6. Economische waardering.

| Behandelingen | Opbrengst ($t.ha^{-1}$) | Verkoop prijs (AKz) | Productie waarde (Akz) | Productie kosten (Akz) | Aanwinst (Akz) | Productiekosten (Akz) |
|---|---|---|---|---|---|---|

| | | | | | | |
|---|---|---|---|---|---|---|
| **T1** | 3,70 | 500 000.00 | 1 850 000.00 | 61 240.00 | 1 788 760.00 | 0.03 |
| **T2** | 2.45 | 500 000.00 | 1 225 000.00 | 59 124.00 | 1 165 876.00 | 0.05 |

Behandeling T1 (Kool (Brassica Olerácea L. *var. troncuda of Portugees*)) behaalde de beste winst met 1.788.760,00 Akz en productiekosten (0,03 AKz). Aan de andere kant, hoewel behandeling T2 (Kool (Brassica Olerácea L. *var. manteiga* I -1811 *(B))* lagere productiekosten had (59.124,00 AKz), behaalde deze behandeling een winst van 1.165.*876*,00 Akz en hogere productiekosten (0,05 AKz*)*.00 AKz), een winst van 1.165.876,00 Akz werd behaald tegen hogere productiekosten (0,05) dan behandeling T1 (kool (Brassica Olerácea L. *var. troncuda of Portugees*)), is het vanuit economisch oogpunt levensvatbaar om met beide variëteiten te zaaien onder de bodem- en klimaatomstandigheden in Mukolongodjo.

## V. CONCLUSIES

- ✓ De beste resultaten voor de variabelen planthoogte, aantal bladeren, bladbreedte en -lengte, pseudostemdiameter en bladgewicht werden verkregen met behandeling T1 (Kool (Brassica Olerácea L. *var. troncuda o português*)) voor de bodem- en klimaatomstandigheden in Mukolongodjo.
- ✓ De economische resultaten waren positief voor beide behandelingen

## VI. AANBEVELINGEN

- ✓ Uitbreiding van het koolareaal (Brássica Olerácea L. *var. troncuda o português*) in overeenstemming met de bodem- en klimaatomstandigheden van de coöperatie R. L Cantinho do Chicote om de economie te verhogen.
- ✓ Evalueer dit gewas in andere bodem- en klimaatomstandigheden in de provincie om betere productieresultaten te behalen en de vraag onder de bevolking te vergroten

## VII. BIBLIOGRAFISCHE REFERENTIES


1. Adib, A. R. en Miranda, C. L. (2007). *Aspecten van gezinslandbouw in Brazilië: een literatuuroverzicht.* In: BARRIL, G. A.; CHAVEZ, F. A. (Ed.). Family Farming in the Southern Cone Countries. Assuncion: IICA, 2007. p. 35-81.
2. Agribusiness (2014). *Samenwerkingsnetwerk voor de agribusinesstechnologieën en -dienstensector.* Marktonderzoek & intelligentie-Angola.
3. Aguilera M, Bruna G, Brzovic F, Cerda R, Clark M, Chandía A, Domínguez J I, Espinoza A, Faúndez M, García P, Jara C, De Kartzow A, Kern W, Lerdón J, Marchant R, Mora M, Olavarría J, Paillacar R, Quijada A, Troncoso J L y Vargas G. (2003). *Fundamentos de gestión para productores agropecuarios: tópicos y estudios de casos consensuados por universidades chilenas.* Programma. Santiago de Chile.
4. Almeida. D. (2e ed.). (2014). *Handboek voor tuinbouwgewassen.* Lissabon. Portugal: Editorial Presença.
5. Altieri, M. en Nicholls, C. (2013). *Agro ecología: Única esperanza para la soberanía alimentaria y la resiliencia socio ecológica,* 7(2), 65-83.
6. Amisse, J. (1997). *A importância da Extensão Rural,* In: A Extensão Agrária em Moçambique (1987 - 1997). *Maputo: Nationaal Directoraat voor Plattelandsuitbreiding.*
7. ANGOP (2019). *Angola Press News Agency.* Graanproductie bereikt 2,9 miljoen ton.
8. Anoniem (2015). *Propiedades nutricionales y terapéuticas de la col (Brassica oleracea L.).* i e h www.ceasacampinas.com.br. Consultatiedatum: 8 februari 2021.
9. Apollin, F. en Eberhart, C. (1999). *Analyse en diagnose van productiesystemen in plattelandsgebieden.* Methodologische gids. Ecuador: Quito, 237.
10. Astier, M., Masera, O. en Galván, Y. (2008). *Beoordeling van duurzaamheid. Een dynamische en multidimensionale benadering.* Opgehaald van http://docplayer. es/14885206-Evaluacion-de-sustentabilidad-un-enfoque-dinamico-y-multidimensional.html.
11. Ayaz, N. D. (2006) *Detectie van diersoorten in vlees en producten met behulp van enzime-linked inmunosorbent assay.* Tijdschrift voor spiervoedsel. Vol 7 (2): p.214-220.

12. Barber, K. L., Maddux, L. D., Kissel, D. E., Pierezynski, G. M & Bock, B. R. (2012). *Corn responses to ammonium and nitrate-nitrogen fertilisation*. Soil Sci. Soc. Am. J, 56 (1): pp 166-171.
13. Bellón, M. (2002). *Métodos de investigación participativa para evaluar tecnología*: manual para científicos que trabajan con agricultores (p.106). Mexico, D.F.
14. Bentley, Jeffery W. & G. Rodríguez (2001). *"Hondurese volksentomologie.* Huidige Antropologie, 42(2), 285-301. Op 20 mei-2021 ontleend aan http://www.jefferybentley.com/Honduran%20Folk%20Entomology.htm.
15. Bettiol, W., Ghini, R., Montes, J., Haddad, A. en Siloto, R. C. (2004). *Biologische en conventionele tomatenteeltsystemen*. Sci. agric. 61(3): pp 253 - pp 259.
16. Bevilacqua, C. R. Helen Elisa (2002). *Classificatie van groenten*. Bianco, M. S. (2015). Agro-economische levensvatbaarheid van koolteelt met 'Nieuw-Zeelandse' spinazie. Proefschrift (Doctoraat in de Agronomie) - Faculteit Landbouw- en Veterinaire Wetenschappen, Paulista State University, Jaboticabal.
17. Bruner, E. M. (2014). *De agingbAntrhopogist*. Antropologie en humanisme. 39 (1): 27-31. ISSN 1559-9167, alleen ISSN 1548-1409.
18. Buainain, A. *et al.* (2003). *Gezinslandbouw en de nieuwe plattelandswereld.* Sociologias, Porto Alegre, n.10, 2003.
19. Carnelossi, A. C. *et al.* (2005), *Physiological response of minimally processed cabbage leaves*. Hortic. Bras. 23 (2).
20. Cartea, M. E.; Velasco, P.; Obrégon, S.; Padilla, G.; De Haro, A. (2008). *Seizoensgebonden variatie in glucosinolaatgehalte in Brassica oleracea gewassen geteeld in het noordwesten van Spanje. Phytochemistry*, New York, v. 69, n. 2, p. 403-416, 2008.
21. Carvalho, I.; Ferreira, P.V.; Silva, J. A. B.; Teixeira, J. S.; Oliveira, F. S.; Carvalho, A. P. & Santos, P.R. (2016). *Productieve analyse van groene maïs genotypen geïntercropt met bonen*. Horticultura Brasileira 34: 593-599. DOI - http://dx.doi.org/10.1590/S0102-053620160422.
22. Caseiro, R. F. en Filho, M. (2005). *Evaluatie van methoden voor het drogen van geprimed uienzaad.Hortic*. Bras. 23 (4): pp 887 - pp 892.
23. Cassinda, M. (2016). *Productive response of pepper cultivation (Capsicum annum L.) with different planting patterns in Ondjiva*. (Thesis in optie tot de graad van

Ingenieur). Universiteit van Cuito Cuanavale. Hoger Polytechnisch Instituut van Cunene. Angola.

24. Castilo, B. (2016). *Angola: graanproductie registreert een tekort van 900.000 ton.* 05 mei 2023. Opgehaald van: http/www.angop.ao op 15-03- 2023.
25. Castro, I., Díaz, L., Pérez Y., Rodríguez, M., Gómez, L. (2010). *Organische meststoffen: een haalbaar alternatief om de aanwezigheid van plaagvormende fytoparasieten te verminderen.* Universidad Agraria de la Habana "Fructuoso Rodríguez Pérez en Centro de Sanidad Agropecuaria. La Habana. Cuba.
26. CERF: Centraal noodhulpfonds (2012). *Verslag van de residerende/humanitaire coördinator over het gebruik van CERF-middelen in Angola.* Meihua Kliniek (2014). Gespecialiseerd in Chinese geneeskunde. Gevestigd op: http://medicina-tradiconal-chinesa.com/2014/21/nutrición/hortalizas/.
27. Dias, M. A. *et al.* (2010). *Zaadkracht van maïs geassocieerd met matocompetitie.* Revista Brasileira de Sementes, 32 (2), pp. 93-101.
28. Dufumier, M. (1990). *Importancia de tipología de unidades de producción* agrícola en el análisis de diagnostico de realidades agrarias. In J. Berdegué, M. Dufumier en G. Escobar. Tipificación de Sistemas de Producción Agricola (pp. 63-81). Chili: Santiago de Chile. Opgehaald van: https://doi.org/ISBN. 956.7110-01-07.
29. FAO (2011). *Behoud en duurzaam gebruik van zaaizaadsystemen.* IN: The Second Report on the State of the World's Plant genetic Resources for Food and Agriculture. Internationale technische conferentie over plantgenetische hulpbronnen, Rome, 2011. Beschikbaar op: <http://www.fao.org/agriculture/crops/core-themes/theme/seeds- pgr/gpa/gpa-update/nl>. Geraadpleegd 20 mei-2023
30. FAO (2012). *Gewasvooruitzichten en voedselsituatie.*N. 2 februari 2021. Beschikbaar op: www.fao.org/docrep/015/a/1990s/a1990s00.pdf.
31. Faxsa, N. (2008). *Algemeen informatiecentrum.* Beschikbaar op: http://www.faxsa.com.mx. Consultatiedatum: 18 januari 2021.
32. Febles, J. (2009). *Agro-ecologische strategie voor bodembescherming.* Paper gepresenteerd op de Master's Course in Plant Nutrition and Biofertilizers. La Habana. Cuba.
33. Filgueira, F. A. R. (1981). *Manual de Olericultura.* Vol. I. 2nd ed. São Paulo: Agronômica Ceres. 338p.

34. Freitas, C. A. en Bacha, C. J. C. (2004). *Bijdrage van menselijk kapitaal aan de groei van de Braziliaanse landbouw*: periode 1970-1996. Revista Brasileira de Economía, 58 (4).

35. Gaudioso N, G. N (2021). *Karakterisering van koolsystemen (Brassica oleracea L.) in Mukolondjo*. Laatstejaars werk voor de graad van ingenieur. Optie: Landbouw. Departement Menselijke Hulpbronnen. Mandume ya Ndemufayo Universiteit Ondjiva Polytechnisch Instituut

36. García, E. (2004). *Dynamiek en onderlinge relaties tussen de eigenschappen van een bruine bodem in twee agro-ecosystemen*. Scriptie in optie voor de academische titel van Master in de Landbouwwetenschappen. Guantánamo, Cuba. pp 32.

37. Garcia, N.Q. (2011). *Het landprobleem*. De staat en de verdeling van landrechten: het geval van WakuKungo. Contexto. Tijdschrift voor Wetenschappelijke Ontwikkelingsstudies (Luanda), nr. 2, pp 01-11.

38. Garcia, N.Q. (2012). *Democratische rechtstaat*: van Habermas tot het "Afrikaanse dilemma". Mulemba- Angolees Tijdschrift voor Sociale Wetenschappen (Luanda), vol. 11, No3.

39. Garcia, N.Q. (2015). *Gezinslandbouw in Angola*: de conceptuele valkuilen van dichotome classificatie. Mulemba, 5 (10).

40. Provinciebestuur van Cunene (2018). *Gids voor de onderzochte.*

41. Hernández, A. (2009). *Het behoud van de bodem, een imposante missie*. Opgehaald van: http://www.tribuna.co.cu/Etiquetas/2009/abril/21/preservar-suelo.html. Geraadpleegd 16 mei 2023.

42. Hernández, M.A. en López, B.M.P (2009). *Menselijke ontwikkeling en gender in Mexico 2000-2005: vooruitgang en uitdagingen*. En: Indicadores de desarrollo humano y género enMéxico 20002005. Ontwikkelingsprogramma van de Verenigde Naties, Mexico, pp.1-26.

43. Hidalgo, F., Houtart, F. en Lizárraga, P. (eds.) (2014). *Boerenlandbouw in Latijns-Amerika: voorstellen en uitdagingen*. Quito, Ecuador, Editorial IAEN.

44. INE (Nationaal Instituut voor de Statistiek) (2015). *Angola 40 jaar statistieken 1975-2015.*

45. Infoagro (2008). *Groenten telen*. Beschikbaar op: http://wwwinfoagro.com/hortaliza/col.htm. Consultatiedatum: 30 april 2023.

46. InfoStat (2002). *InfoStat, versie 1.1.* Gebruikershandleiding. InfoStat Group, FCA, Nationale Universiteit van Córdoba. Eerste editie, Editorial Brujas Argentina.

47. Braziliaans Instituut voor Geografie en Statistiek - IBGE (2006). *Landbouwtelling 2006.* Beschikbaar op: <http://www.ibge.gov.br/cidadesat/topwindow.htm>. Geraadpleegd op: 20 mei 2023.

48. Kamangira, J.B. (1997). *Beoordeling van de vruchtbaarheidsstatus van de bodem voor agroforestry-interventies met behulp van conventionele en participatieve methoden.* Masterproef voor graad van Master in Landbouwwetenschappen, Bunda College of Agriculture, Universiteit van Malawi.

49. Kimoto, T. (2006). *Kool, bloemkool en broccoli voeding en bemesting.* Beschikbaar op: Voeding en bemesting van groenten. Consultatiedatum: 30 mei 2023.

50. Kristaponyte, Irena (2015), *Effect of fertilisation systems on plant nutrient balance and soil agrochemical properties.* Beschikbaar op: <http://www. researchgate.net/2377/. Geraadpleegd 20 mei-2023

51. Lambert, G. Tania (2010). *Identification, management and conservation of soils in the "La " community, using participatory methods* (Thesis defended for a Master's Degree in Environmental Management). Universiteit van Granma. Cuba.

52. Lamers, J. & Feil, P. (1995). *Farmers' knowledge and management of spatial soiland crop growth variability in Niger, West Africa.* Tijdschrift voor Landbouwwetenschappen, 43, 375-389.

53. Lazzarotto, J. J. (2002). *Plattelandsverenigingen en hun levensvatbaarheid*: een vergelijkende casestudy van twee verenigingen van plattelandsproducenten in de gemeente Pato Branco (PR). In: Encontro da associação nacional dos programas de pós-graduação em administração - ENANPAD, 31. Salvador. Proceedings... Salvador: ENANPAD, 2002.

54. Leyva, A. en Pohlan, J. (2005). *Agro-ecologie in de tropen: voorbeelden uit Cuba.* Plant biodiversity, how to conserve and multiply it. Aken: Ediciones shakerverlang, 198.

55. López, G. (2010). *Bioagronomische studie van 20 koolcultivars (Brassicaoleracea L., Var. Capitata).* Thesis in optie voor de titel van Landbouwingenieur. Guantánamo, Cuba.

56. Lores, A. (2008). *De duurzaamheid van de agro-ecosystemen van de gemeenschap "Zaragoza", San José de Las Lajas*. Bijdrage aan de studie van agrodiversiteit. Doctoraalscriptie voor de graad van Doctor in de Landbouwwetenschappen, La Habana, Cuba.
57. Lubamba, M. (2018). *Zuid-Angola blijft lijden onder droogte en hongersnood*. Deutsche Welle.
58. Maia, M. R. (2012). *Duurzaamheid en gezinslandbouw in Vitória da Conquista - BA. 287 p. (Doctoraalscriptie), Federale Universiteit van Sergipe, São Cristóvão, SE.*
59. *Makishima,* N. (1983). *Kleinschalige groenteteelt.* EMBRAPACNPH, 23p. (Technische instructies, 6).
60. Mankin, K.R. en Fynn, R. P. (2006). *Modelling individual nutrient uptake byplants:* Relating demand to microclimate. Agricultural Systems, 50 (1): pp 101 - pp114.
61. Márquez, G. Mervyn (2012). *Productiesystemen en ergonomie*: een reflectie voor het debat. Industriële techniek. Actualidad y Nuevas Tendencias. Vol III, No 9. ISSN: 1856-8327.
62. Martin, C. A., Almeida, V. V. de, Ruiz, M. R., Visentainer, J. E. L., Matshushita, M., Souza, N. E. de Visentainer, J. V. (2006). Omega-3 en omega-6 *meervoudig onverzadigde vetzuren:* belang en voorkomen in voedingsmiddelen. Revista de Nutrição, Campinas, v. 19, n. 6, p. 761-770.
63. Martínez, C.F.P. (2010). *Evaluatie van de efficiëntie van drie organische meststoffen met drie verschillende doseringen in de opbrengst en winstgevendheid van de lactolenteelt.* Thesis in optie voor de titel van Landbouwingenieur. Riomba, Ecuador.
64. Méndez, V. Lenixia (2014). *Sociale participatie vrouwen in de besluitvorming en het management van micro-ondernemingen op het platteland van Guerrero.*
65. Onderzoeksgebied: *Sociaal ondernemerschap.* Universidad Autónoma de Guerrero, Unidad de Estudios de Posgrado e Investigación. XIX Internationaal Congres voor Accountancy, Administratie en Informatica.
66. MINADER (2005). *Verslag over de landbouwcampagne 2004-2005.*
67. MINADER (2006). *Verslag over de landbouwcampagne 2005-2006.*
68. MINADER (2009). *Tweejaarlijks plan voor de landbouwsector (2010/2011).*

69. MINADER. (Ministerie van Landbouw en Plattelandsontwikkeling). (2005). *Evaluatieverslag over de landbouwcampagne 2004/2005*. Op 13 februari 2021 geraadpleegd op de website van: Angola: http://www.minader.org/pdfs/seguranca_alimentar/Relat_Camp04_05%20Revisto.pdf.
70. MINADER-FAO. (2003). *Review of the agricultural sector and the food security strategy for defining investment priorities (TCP/ANG/2907) - Agricultural Production Systems.* Werkdocument nr. 07. Voorlopige versie voor commentaar. Geraadpleegd op 28 februari 2023, *op de website van: Angolees ministerie Landbouw en Plattelandsontwikkeling*:http://www.minader.org/pdfs/fomento/volume_iii/sistema_producao_agricola.pdf.
71. MINADER-FAO. (2004). *Review of the agricultural sector and food security strategy for defining investment priorities* (TCP/ANG/2907) - Development of Irrigated Agriculture. Werkdocument nr. 09. Voorlopige versie voor commentaar. Geraadpleegd op 13 mei 2023, op de website van: Ministerie van Landbouw en Plattelandsontwikkeling van Angola:http://www.minader.org/pdfs/fomento/volume_iii/desenvolvimento_agricultura_irrigad a.pdf.
72. MINAGRI - Angola (2019). *Verslag van de landbouwcampagne* 2017/18.
73. MINAGRI - Angola: Ministerie van Landbouw van Angola (2013). *Verslag van de multisectorale technische missie naar de provincies Benguela, Cuando Cubango, Cuanza Sul, Cunene, Huíla en Namibe*.
74. Moore, L. E., Brennan, P., Karami, S., Hung, R. J., Hsu, C., Boffetta, P., Toro, J., Zaridze, D., Janout, V., Bencko, V. (2007). *Glutathione S-transferase polymorfismen, inname van kruisbloemige groenten en kankerrisico in de Central and Eastern European Kidney Cancer Study*. Carcinogenesis, 28, 1960-1964.
75. Moraes, Ê. G. en CURADO, F. F. (2004). *De grenzen van associatisme in familiebedrijven in landelijke nederzettingen in Corumbá (MS).* In: Symposiums on the Natural and Socio-Economic Resources of the Pantanal, 4, Proceedings.... Corumbá. Beschikbaar op:<http://www.cpap.embrapa.br/agencia/simpan/sumario/artigos/asperctos/pdf/socio/323SC_CURADO_8_OKVisto.pdf>. Geraadpleegd op: 28 april 2023.

76. Muñoz, L. (2018). *Asociación de cultivo en el* Huerto. https://www.agrohuerto.com/asociacion-decultivos-compatibilidad-entre-plantas/ (acceso: 16/05/2023.

77. Muñoz, O., Germani, A., Aguilar, C., Jacinto, A. en Sarmiento, F. (2015).*Descripción de los sistemas intensivos de engorde de corderos en Yucatán*, México.

78. Nova Scientia Neto, J. (2008). *Angola: Landbouw en voedsel*. Portugees Instituut Ontwikkelingssamenwerking, Documentatiecentrum. Lissabon, Portugal.

79. Neto, Baptista en Cabral (2006). *Angola: Landbouw en voedsel in Angola*. Agriculture, Natural Resources and Rural Development, Vol. I, Ilídio Moreira (org.), Isa Press, Lissabon.

80. Nilsson, J., Olsson, K., Engqvist, G., Ekvall, J., Olsson, M., Nyman, M. y Åkesson, B. (2006). *Variation in the content of glucosinolates, hydroxycinnamicacids, carotenoids, total antioxidant capacity and low-molecular-weightcarbohydrates in Brassica vegetables*. Journal of the Science of Food and Agriculture, 86, 528-538.

81. North, K. & Hewes, D. (2006). *Seguimiento de fincas para el progreso hacia la sostenibilidad.* LEISA Revista de agroecología, 1 (22).

82. Oberley, T.D. en Oberley, L.W. (1997). *Antioxidant enzym niveaus in kanker*. Histologie en histopathologie, 12, 525-535.

83. OGE (2011). *Republiek Angola*. Verslag over de algemene staatsbegroting.

84. ONU (Organisatie van de Verenigde Naties). (1995). *Vierde Wereldvrouwenconferentie.* Bijlage II. Platform voor actie, hoofdstuk 1, punt 1. Beijing, september 1995.

85. Ortega, F. (2009). *Het behoud van de bodem, een imposante missie*. Op 16 mei 2023 ontleend aan http://www.tribuna.co.cu.

86. Pacheco, F.; Carvalho, M. L. S. en Henriques, P. D. (2011). *Een bijdrage aan het debat over duurzaamheid in de Angolese landbouw.* Proc. 2e Luso-Angolese bijeenkomst over economie, sociologie, milieu en plattelandsontwikkeling. Luanda, 311-343. ISBN 978-989-8550-20-0 PDNA Beoordeling van de behoeften na de ramp (20). Droogte in Angola 2012 - 2016.

87. Pacheco, Raiza (2018). *La agricultura familiar como un medio para la seguridad alimentaria familiar en la parroquia de Chugchilan, cantón Sigchos, en el periodo de marzo a julio de 2017.* (Proefschrift ter verkrijging van een graad in

Humane Voeding). Pauselijke Katholieke Universiteit van Ecuador. Faculteit Verpleegkunde. Programma Humane Voeding.

88. Palacios, V. en Barrientos, J. (2014). *Technische en economische karakterisering van productie agrosystemen in twee inheemse reservaten van Putumayo (Colombia).* Acta agronómica, 63(2), 91-100. doi: 10.15446/acag. v63n2.29358.

89. Paterniani, E. (2001). *Duurzame landbouw in de tropen.* Geavanceerde studies43: 303-326.

90. Pedro, H. A. (2008). *Publieke Irrigatie in Angola: Voorstel voor een Beheersmodel.* Final Course Work in Agronomic Engineering. Hoger Instituut voor Agronomie. Technische Universiteit van Lissabon, Lissabon. 50 pp.

91. Pereira de Oliveira, A., Arnaldo, N., Ovídio, P., Das Suany, M., Antonio, D.G. (2013). *Opbrengst van okra bemest met rundermest en biofertilizers.* Ciencias Agrarias. 34 (6): pp 2629 - pp 2636.

92. Pérez B. M. A. (2009). *Snel agroecologisch systeem voor de evaluatie van bodemkwaliteit en gewasgezondheid.* Methodologische gids. Herramienta para la Gestión de Sistemas Agrícolas desde la perspectiva de la Agroecología.

93. Pérez, A., Saucedo, O., Iglesias, J., Wencomo, Hilda B., Reyes, F., Oquendo, G., Milián, Idolkys. (2010). *Karakterisering en potentieel van sorghum graan (Sorghum bicolor L. Moench).* Pastos y Forrajes, vol. 33, núm. 1, enero-marzo, 2010, pp. 1-26.

94. Pierri, F. en Brady (2013). *Het decennium van de gezinslandbouw bij de Verenigde Naties.*

95. *Piñeiro, M. (2001). Investeringsopties in de plattelandseconomie.* En Echeverria (Ed.). Ontwikkeling van plattelandseconomieën in Latijns-Amerika en het Caribisch gebied.

96. Ponce, V. (2010). *Haalbaarheidsproject voor de productie en export van diepgevroren meloenpulp naar de Venezolaanse markt in de periode 2011-2020.* Thesis gepresenteerd aan de School voor Buitenlandse Handel, Integratie en Douane. Venezuela.

97. Pudasaini, S. P. (2011). *De effecten van onderwijs in de landbouw*: gegevens uit Nepal. American Journal of Agricultural Economics, Vol. 65, Available at:http://www.perpustakaan.depkeu.go.id/peranian. PDF. Beschikbaar in mei 2023.

98. Reghin, M., Olinik, J.R., Jacoby, C en De Silva, A. (2008) *Minerale en organische bemesting in kool (Brassica oleraea L. Var. Capitata).* Totale en commerciële productie. Horticultura Brasileira. 2 (1): pp 13 - pp 16.

99. Ríos, G. G., Munoz, Clara Isabel, Pérez, C. J. C., Franco, G. en Arango, A. Doralnés, *et al.* (2000). *Karakterisering van landbouwproductiesystemen in het departement Caldas.* Technisch rapport Tijdschrift. SDALC.

100. Ríos, H. (2009). *Boeren verbeteren gewassen.* Fitomejoramiento Participativo. La Habana: INCA. 299 p.

101. Rodríguez, G., Horacio, A. de la L., Lérida, Hechevarría, S., Milanés F. Isabel en Rodríguez, F. C. A. (2008). *Vergelijkende studie tussen monocultuur en intercropping bij verschillende medicinale planten.* Revista Cubana de Plantas Medicinales, 13(3).

102. Romojaro, F., Martínez, M., Madrid, C., Pretil, M. T. (2007). *Pre-harvest factors determining the quality and post-harvest preservation of agricultural products.*

103. Rosa, E. en Heaney, R. (1996). *Seizoensvariatie in eiwit-, mineralen- en glucosinolaatsamenstelling van Portugese kool en boerenkool.* Animal Feed Science and Technology, 57,111-127.

104. Saavedra, G. (2013). *Inleiding tot de groenteteelt. Technische reeks: Producción de hortalizas para la República de Guinea Ecuatorial.* Numero Voedsel- en Landbouworganisatie van de Verenigde Naties (FAO). Subregionaal kantoor voor Centraal-Afrika. Republiek Guinee Ecuatoriaal.

105. Sambeny, Z., Alves, E., Calegar, G., Tollini, H., Dias, A. F., Ramagem, S.*etal.* (2011). *Landbouwonderzoek in Angola.* Uitdagingen en voorstellen. Vol.1. 385 pp.

106. Sarandón, S., Zuluaga, M., Cieza, R., Gómez, C., Janjetic, L. en Negrete, E. (2006). *Evaluating the sustainability of farm agricultural systems in misiones, argentina, through the use of indicators. Agroecología,* 1, 19-28.

107. Sardinha, R. M. & Carriço, J. S. (1975). *Wetenschap, technologie en de universiteit in de ontwikkeling van de landbouwsector.* Herordening. Revista Junta Provincial de Povoamento de Angola, 38: 19-22.

108. Schuroff, I. A. (2005). *Cassaveteelt en gezinslandbouw in het centrum Lídia Ivinhema - MS. Lavras,* UFLA, 2005. 41p. (Specialisatiemonografie).

109. Sebrae-Servicio de Apoio às Micro e pequenas Empresas de Bahia (2018).*Marktstudie. Agribusiness*: Tuinbouw. Brazilië. Pp 45.

110. SEBRAE-SP. (2013). *Profiel en behoeften van de* olijventeeltsector *in São Paulo*. Beschikbaar op: http://m.sebrae.com.br/Sebrae/Portal%20Sebrae/UFs/SP/Pesquisas/relatorio_olericultura_paulista.pdf>. Geraadpleegd op: 22 mei 2023.

111. Sousa, J. L en Resende, P. (2010). *Handboek voor biologische tuinbouw*. Viçosa: UFV. Kristaponyte, I. (2015). Effect van bemestingssysteem op de balans van plantaardige voedingsstoffen en bodem agrochemische eigenschappen. Agronomisch onderzoek. 3(1): pp 45 - pp 54.

112. Souza, A.M.K. (2018). *Groei en productiviteit van bladkool in een plaatsysteem met verschillende substraten* (Thesis gepresenteerd aan het Postgraduate Programme in Agronomy). Centrum voor Biologische en Natuurwetenschappen, Federale Universiteit van Acre. Rio Branco - AC.

113. Tello, S. Flavia Mabel (2009). *Politieke participatie van vrouwen in Latijns-Amerikaanse lokale overheden*: Belemmeringen en uitdagingen voor een effectieve genderdemocratie. Barcelona.

114. Tolio, B. A. en Doula, Sheila Maria (2016). *Plattelandsjongeren en institutionele invloeden om op het platteland te blijven: een casestudy in een landbouwcoöperatie in de Triângulo Mineiro INTERAÇÕES*, Campo Grande, MS,v. 17, n. 3, p. 370-383, jul./set. 2016.

115. Trani, E. P., Tivelli, S. W. Blat, F., *et al.* (2015). *Bladkool: van planten tot na de oogst Campinas*: Instituto Agronômico, 2015. 36 p. online (Série Tecnologia Apta. Boletim Técnico IAC). ISSN 1809-7936.

116. Triani, P., Passos, F., Teodoro, M. C., Santos, V. J., Frare, P. (2015). *Bekalking en bemesting voor de koolteelt.* Beschikbaar op: http//www.iac.sp.gov.br|calagemguiabo.htm. Consultatiedatum: 3 april 2023.

117. Vasques, F. J. M. (2010). *Landbouw in de Luinga-regio van Angola*: culturele geschiktheid en technologische aanpassingen (Dissertatie voor een Master in Agronomic Engineering). Hoger Instituut voor Agronomie, Technische Universiteit van Lissabon.

118. Vilar, M., Cartea, M. E., Padilla G., Soengas, P., Velasco, P. (2008). *Het potentieel van boerenkool als veelbelovend groentegewas*. Euphytica, v. 159, n. 1, p. 153-65.

119. Villaret, A. (2002). *El enfoque sistémico aplicado al análisis del medioagrícola*: introducción al marco teórico y conceptual. Praxis del desarrollo rural. Pradem/CICDA. Peru.

120. Victoria L. V, S (2023). *Evaluation of agro-productive indicators of leaf cabbage (Brassica oleracea var. manteiga) cultivation with the application of different sources of organic and chemical fertilisation in the locality of Namacunde*. Eindwerk voor de graad van ingenieur. Optie: Agronomie. Ondjiva Polytechnisch Instituut. Mandume Yandemufayo Universiteit. "Huila Cunene

121. Wikipedia (2009). *Internationale code voor botanische nomenclatuur*. Beschikbaar op: http://es.wikipedia.org/wiki/CodigoInternacionaldeNomenclaturaBotanic. Consultatiedatum: 25 april 2021.

122. Wizniewsky, C. R. en Wizniewsky, J. G. (2009). *Plattelandsontwikkeling, gezinslandbouw en territorialiteiten*. Beschikbaar op: http://www.google.com.br/url?sa=t&rct=j&q=escolaridade%20%20agricultura%20familiar&source=web&cd=7&sqi=2&ved=0CFoQFjAG&url=http%3A%2F%2Fegal2009.easyplanners.info%2Farea06%2F6413_Wizniewsky_Carmen_Rejane.doc&ei=xz0uUfWkD6WD0QH-gIFA&usg=AFQjCNFCB2d0b9uNHweEajmxBo-XyU0e3g&cad=rja>.Toegang: 17 maart 2023.

123. Yasmeen Kausar (2011). *Impact of educated farmer on Agricultural Product*; Journal of Public Administration and Governance, Vol. 1, No. 2. Beschikbaar op: http://www.macrothink.org/journal/index. /948/pdf. Geraadpleegd op: maart 2023.

124. Zamberlam, J. en Froncheti, A. (2001). *Ecologische landbouw: behoud van de kleine boer en het milieu*. Petrópolis: Vozes, 214p.

# VIII. BIJLAGEN

## 8.1 Klimaatgegevens

**KAART MET MAXIMUM- EN MINIMUMTEMPERATUREN, RELATIEVE VOCHTIGHEID EN NEERSLAG VOOR HET EERSTE KWARTAAL VAN 2023 - KLIMAATGEGEVENS**

| Dagen | Maximale Tª °c | | | Minimum Tª °c | | | Relatieve vochtigheid % | | | Neerslag mm | | |
|---|---|---|---|---|---|---|---|---|---|---|---|---|
| | Jan | Feb | Marc | Jan | Feb | Marc | Jan | Feb | Marc | Jan | Feb | Marc |
| 01 | 30,3 | 29,2 | 33,1 | 19,3 | 20,0 | 19,7 | 70 | 61 | 51 | | | |
| 02 | 30,4 | 30,9 | 29,8 | 21,0 | 21,5 | 19,1 | 61 | 51 | 66 | | | |
| 03 | 23,7 | 30,1 | 32,8 | 19,8 | 21,3 | 19,8 | 67 | 67 | 44 | | | |
| 04 | 20,1 | 32,1 | 33,0 | 18,7 | 20,8 | 18,0 | 98 | 48 | 20 | | | |
| 05 | 29,8 | 31,4 | 34,0 | 19,0 | 22,2 | 18,4 | 40 | 30 | 22 | | | |
| 06 | 31,1 | 30,9 | 35,9 | 19,6 | 20,8 | 18,8 | 29 | 59 | 21 | | | |
| 07 | 33,7 | 26,7 | 35,9 | 20,8 | 20,9 | 21,4 | 31 | 58 | 35 | | | |
| 08 | 32,3 | 28,6 | 31,0 | 22,9 | 21,7 | 21,5 | 27 | 65 | 50 | | | |
| 09 | 31,3 | 31,7 | 34,7 | 21,2 | 19,4 | 22,6 | 30 | 43 | 30 | | | |
| 10 | 33,2 | 33,1 | 34,1 | 23,1 | 18,8 | 22,4 | 44 | 46 | 40 | | | |
| 11 | 28,9 | 33,1 | 32,0 | 21,2 | 20,0 | 20,8 | 75 | 31 | 78 | | | |
| 12 | 31,6 | 33,8 | 32,8 | 21,6 | 20,3 | 22,6 | 67 | 31 | 68 | | | |
| 13 | 30,7 | 35,1 | 34,8 | 19,9 | 21,7 | 21,0 | 62 | 35 | 40 | | | |
| 14 | 31,1 | 35,6 | 35,0 | 18,0 | 23,4 | 21,2 | 68 | 31 | 39 | | | |
| 15 | 31,9 | 35,2 | 34,3 | 18,0 | 21,6 | 21,1 | 50 | 22 | 33 | | | |
| 16 | 29,6 | 33,3 | 33,4 | 20,7 | 18,2 | 20,2 | 71 | 27 | 47 | | | |
| 17 | 26,4 | 32,9 | 31,7 | 20,0 | 16,9 | 17,7 | 67 | 31 | 40 | | | |
| 18 | 25,7 | 31,9 | 33,5 | 19,0 | 13,7 | 20,0 | 85 | 23 | 50 | | | |
| 19 | 25,1 | 33,0 | 33,3 | 18,1 | 15,0 | 19,4 | 96 | 22 | 46 | | | |
| 20 | 22,3 | 33,1 | 33,9 | 20,6 | 15,4 | 19,3 | 90 | 24 | 49 | | | |
| 21 | 27,2 | 34,2 | 32,6 | 18,6 | 14,8 | 20,2 | 78 | 22 | 55 | | | |
| 22 | 24,6 | 35,4 | 32,4 | 17,2 | 17,4 | 21,3 | 71 | 26 | 47 | | | |
| 23 | 27,4 | 34,0 | 29,8 | 19,4 | 21,3 | 18,8 | 79 | 39 | 72 | | | |
| 24 | 28,4 | 32,9 | 32,0 | 18,5 | 20,8 | 20,5 | 79 | 48 | 53 | | | |
| 25 | 30,2 | 34,5 | 30,8 | 20,6 | 20,5 | 18,5 | 68 | 49 | 46 | | | |
| 26 | 31,0 | 34,3 | 25,6 | 19,0 | 20,2 | 21,2 | 71 | 46 | 84 | | | |
| 27 | 31,4 | 32,5 | 30,6 | 20,2 | 21,6 | 18,3 | 70 | 64 | 55 | | | |
| 28 | 30,1 | 27,9 | 28,4 | 21,1 | 19,7 | 18,6 | 68 | - | 77 | | | |
| 29 | 30,3 | | 31,0 | 20,1 | | 20,3 | 59 | | 66 | | | |
| 30 | 27,8 | | 31,8 | 17,9 | | 20,6 | 77 | | 63 | | | |
| 31 | 27,4 | | | 19,6 | | 18,9 | 76 | | 62 | | | |
| **Totaal** | **901,6** | **906,3** | **1006,6** | **548,8** | **548,8** | **622,2** | | **1099,0** | **1565,0** | | | |

| Gem iddel d | 28.6 | 30,2 | 32,5 | 19,7 | 19,6 | 20,1 | 65 | 78 | 51 | | | |
|---|---|---|---|---|---|---|---|---|---|---|---|---|

O Chefe de Departamento

António José Pereira

**8.2 Koolproductiegebied (*Brassica Olerácea* L. *var. troncuda o português* en *var. manteiga* I -1811 *(B)*) bij de R. L Cantinho do Chicote Coöperatie (N.J.F), in Mukolongodjo gemeente, Cuvelai gemeente.**

A. Bewijs van de eerste voorbereiding van de kinderdagverblijven.

B. Kwekerijen in ontwikkeling

C. Begin van transplantatie

D. Perceel in productie

MIX
Papier aus verantwortungsvollen Quellen
Paper from responsible sources
FSC® C105338

Printed by Books on Demand GmbH, Norderstedt / Germany